花 Flower

鸟 Bird

虫 Insect

谨 以 此 书 献 给 热 爱 自 然 的 人 们

《成都自然笔记》
编辑委员会

成都自然笔记

Notes of Chengdu Nature

 四川省青少年文联博物专业委员会
SPECIALIZED COMMITTEE OF NATURAL HISTORY FOR SICHUAN YOUTH AND JUVENILE

主　编：沈尤

副主编：孙吉　李黎　邹滔

　　　　黄科　倪伟

GUANGXI NORMAL UNIVERSITY PRESS
广西师范大学出版社

·桂林·

成都自然笔记
Chengdu Ziran Biji

出版统筹：冯　波
项目统筹：廖佳平
策划编辑：邹湘侨
责任编辑：邹湘侨
助理编辑：唐划弋
责任技编：王增元
装帧设计：一水长天·秋

图书在版编目（CIP）数据

成都自然笔记 / 沈尤主编 ；孙吉等副主编. --桂
林 ：广西师范大学出版社，2022.8
　ISBN 978-7-5598-5191-8

　Ⅰ．①成… Ⅱ．①沈… ②孙… Ⅲ．①植物－成都－
普及读物②鸟类－成都－普及读物③昆虫－成都－普及读
物 Ⅳ．①Q948.527.11-49②Q959.708-49③Q968.227.11-49

　中国版本图书馆 CIP 数据核字（2022）第 125852 号

广西师范大学出版社出版发行
（广西桂林市五里店路 9 号　邮政编码：541004 ）
　网址：http://www.bbtpress.com
出版人：黄轩庄
全国新华书店经销
广西昭泰子隆彩印有限责任公司印刷
（南宁市友爱南路 39 号　邮政编码：530001）
开本：880 mm × 1 240 mm　1/32
印张：11.25　　字数：150 千
2022 年 8 月第 1 版　　2022 年 8 月第 1 次印刷
印数：0 001~5 000 册　　定价：88.00 元

博物：乐学在自然 ›››

我们所生活的地球，有着各种各样的地质地貌——高山大海、雪山幽谷、草地戈壁和河流湖泊等，它们构成了多姿多彩的自然景观。这些地表景观受气候、海拔、纬度等影响，在漫长的演化过程中形成了不同的生态系统，生存着复杂多样的生物物种，我们人类就是其一。人只是一个物种，人以外全球哺乳动物约五千多种，植物约三十万种，鸟类约一万多种，昆虫一百万种以上！我们可以说"地球是人类的家园"，但地球并不只是属于人类。

从人类诞生之初，居于不同区域的不同族群，便开始探索、认知周边环境，尤其在渔猎和采集时代，不断探索实践，认识了不少自然物种，并利用这些可食用的自然物种繁衍发展，在此过程中选育驯育了不少自然物种，慢慢进入了农耕时代，这也许就是博物学的发端。

千万年来，人类对自然的探索从未停息，古今中外，诞生了许多博物学家。在西方，对世界文明有重大影响的博物学家有亚里士多德、达尔文、法布尔、利奥波德、威尔逊等，在中国从古至今，有名的博物学家也是灿若繁星，大家耳熟能详的有郦道元、徐霞客、竺可桢、潘文石等。从博物学中走出来的学科如地质学、植物学、动物学等，已经成为改善人类生产生活的重要科学。在当下，对于我们这些普通的博物学爱好者来说，它更是能让我们更好地感受自然、了解自然，并从中获得知识与快乐。

为了让更多的青少年朋友能更好地热爱大自然、亲近大自然，2020年5月，我们在四川省青少年文学艺术联合会的支持下，成立了四川省青少年文联博物专业委员会，普及博物学知识，践行博物活动，助力生态文明建设，这本《成都自然笔记》是一个阶段性的成果。

这本《成都自然笔记》是一群热爱自然的作者共同撰写的，而它的读者，也注定是一群热爱自然的人。这本书的作者，既有中小学生，也有植物学家，更多的是博物专委会的会员，大家因共同的志趣爱好走到了一起，在成都和周边的山区识花观鸟、倾听虫鸣——成都的自然如此精彩！

成都，是四川省省会所在地，地处四川盆地西部，有"天府之国"的美誉，有两千多年的建城史，被诸多网友称为最适于居住的城市，近年，追峰群体（成都一群喜欢观察欣赏雪山的群体，而且经常在成都市区观山）更是把成都推到了又一高度——在一些视线没被阻挡的楼顶，可以远眺大雪山山脉主峰贡嘎山、邛崃山脉主峰四姑娘山等川西雪山，印证了杜甫笔下诗句："窗含西岭千秋雪，门泊东吴万里船。"

成都的故事得从古老的地质历史讲起，成都所在的四川盆地经历了三个大的地质时期，即海洋时期、古巴蜀湖盆时期和如今的陆地盆地，盆周的山地大多形成于喜马拉雅造山运动。大约4000万年前，印度板块从南半球漂移过来，和欧亚板块发生了碰撞，形成了喜马拉雅山脉。巨大的冲击力同时也向东西两个方向延伸，在四川盆地西缘，形成了一系列的推覆构造，最为重要的证据便是成都市彭州境内的飞来峰群。巨大的力量使四川盆地西部隆起一列列高山——青城山、西岭雪山等，这些山区是青藏高原的东缘，也是四川盆地西界，被地理学家们称为是盆周山区（西段），著名的华西雨屏带便包含了这些山区。与此同时，造山运动还在四川盆地西部挤压出来了龙泉山脉，这条山脉是成都平原与川中丘陵的分野。

在龙泉山的不少观景点，可以俯瞰成都市主城区，也能欣赏川西雪山，还可观察猛禽迁徙。每年4月和10月，是各种猛禽南渡北归的时候，每天都有上百只的猛禽从龙泉山上空飞过。博物专委会的会员中，有的在此间观测的时间超过了十年，本书中的大部分猛禽图片便拍摄于龙泉山。春天，我们也会到龙泉山"刷山"，刷山是我们进山观察植物的代词，只是没有想到，对世界玫瑰品种起到重要基因改良作用的多种原生蔷薇属植物，今天依然顽强地生长在龙泉山未被人类打扰的环境中，其中就有中国月季花和木香花。野生蔷薇花开的季节，还有三花莸、广布野豌豆、百脉根、还亮草等野花开出娇艳的花朵，在每一个春天展示自然的美丽芬芳。普通百姓只为桃花而来，而在博物爱好者的眼中，龙泉山是离市区最近的博物乐园之一，魅力四射。

与龙泉山遥遥相望的盆周山区西段，被人类开发的程度远远低于龙泉山，因此有更多的物种生长其间，吸引着博物爱好者们不断前往刷山。每年12月左右，青城后山、赵公山的藏报春便开始绽放，冬天未过便开始报春，这为刷山人带来了刷山信号。接下来，就是次第开放的各种报春花：青城报春、绵阳报春、迎阳报春……

然后是珙桐、溲疏、蜡莲绣球、铁线莲等都把春来报。其实，刷山还可以用于别的领域，如昆虫观察、两栖爬行动物的观察等。总之，这一群人就这么迷恋大自然，不时聚在一起相互交流，感受博物带来的快乐以及相互间的知识分享：地质、矿物、花卉、鸟类、昆虫、博物摄影、博物绘画……

这是一门"无用"而美好的学问，因为即使你通晓了博物学，也并不能带给你即时的回报，即便如此，却仍有越来越多的人爱上这门古老却时时常新的学问。

我们身处信息泛滥、知识爆炸的时代，难道观鸟识花也要达成某种功利目的吗？古人曾说，君子不器。而当下，人人争器——争当工业文明的螺丝钉，陷于名利之中，不能自拔，忽略了自身应有的兴趣、爱好和情怀。能不能重回我们安宁、怡然的内心世界？如果能，就是进入看似无用的博物学之中，重温东方文明生生不息的生活美学。

博物，是一种生活美学。这种生活美学，从小处说，是关乎我们日常生活的情趣、品位，从大处说，是一种人生的哲理——爱和热爱。现在中国的美育太缺失了，广大的青少年需要提升美学素养，在内心深处植下诗与远方的种子。让我们加入博物爱好者群体中来，让我们的内心日渐丰盈，能以积极友爱的态度对待自然、对待生活。

通过从博物到博物文化的学习，我们能更好地了解中华文明。从出土的商周文物中，我们可以看到古老的文字正是来自祖先对自然的认知。汉字，是一种从自然抽象出来的表意文字，许多表达物象的字，大多能在自然界中找到相应的物，我想这也是博物的一种魅力吧。通过一定的学习，我们完全可以辨认数千年前的古文字。

放眼全球，还没有哪一个民族有如此悠久而没有消亡的文字史和文化史。我们的汉字创造之初就与博物学有着极强的关联，传承数千年，诸多的博物学文化已经根植于我们的文化血脉之中。

通过博物到博物文化，再到中华文明的学习，我们更能理解古人所提出的"天人合一"思想。这种顺应自然的东方文明，极有可能在全球追求可持续发展的理念中再放光彩，再度让全人类重新认知自然，敬畏自然，爱护自然。

这门学问有趣好玩，"无用"而美好，谁都可以进入其间，享受它带来的快乐，在快乐中学习、探索，感受自然世界的无穷魅力。乘博物之舟，观鸟兽虫鱼；赏山河胜景，探星辰大海！

刘乾坤

四川省青少年文联副主席

四川省青少年文联博物专委会主席

2022 年 6 月，写于成都

目录 | contents

Flower

花香原野

花藏深山

鸟
Bird

水上舞者

林间精灵

空中霸主

Insect

蝴蝶蹁跹

儿时趣虫

成都这座城市，温润如花，千年以来，人们在这座繁华而闲适的都市中爱花、赏花，花卉文化似乎已经深深融入这座城市的性格之中。杜甫笔下的锦官城里繁花重重，在一夜春雨的滋润中，氤氲的花色成了他对这座城市的印象。生活在这里的人们，直到今天还沿袭着节令时候插花的习惯，初夏里的栀子、寒冬中的蜡梅，总会在不知不觉中出现在大街小巷的摊位上。同时成都也充满了野性之花，它们总是默默出现在这座城市的舞台中，年复一年，花开花谢，原野之花就如背景般衬托着这座城市。人们若走到城外，在成都周边的群山中则会发现无尽的植物宝藏，每到花候，各类特色鲜明的花儿竞相开放，它们是属于成都这座城市难得一见的自然奇珍；今天，这些深藏高山的花卉也为这座繁华的都市增添了一分野性的魅力。

Flower

Flower

花伴蓉城

野迎春 ›››

浣花溪畔的野迎春　李黎 / 摄

中文名：野迎春
学名：*Jasminum mesnyi*
拼音：yě yíng chūn
科属：木犀科　素馨属
物候期：花期 11 月至翌年 8 月，
果期 3—5 月

前些年春天，去探寻黄四娘家门口到底是什么花"千朵万朵压枝低"的时候，就早早地去观察了下浣花溪公园里盛开的野迎春。虽然公园治理之后野迎春不如之前那么茂盛，但临水的桥边、石山上都保留了一些，2 月底就开了很多，远远地就能看到万条垂下的黄色"瀑布"。公园还在其中一株的旁边放置了一块小石碑，写上了"野迎春"和对应的学名 *Jasminum mesnyi*。大概是因为大多数人都脱口而出"迎春花"（*Jasminum nudiflorum*）吧。

　　迎春花同野迎春的确很像，有研究认为迎春花可能是野迎春的北方衍生种。但二者开花时很好区分，观察花叶是否同期就是其中一种很直观的方法。野迎春是常绿灌木，开花的时候能看到绿叶；而迎春花是落叶灌木，开花时先花后叶，多数时候花开看不到绿叶。其实这两种植物在四川都有野生分布，可能是因为野迎春的花看起来更大，更迎合通常的审美需求，加之四季常绿，成都城里绿化栽种的大多是野迎春。奈何迎春花在更广泛的地区栽种历史悠久，使得人们很容易下意识地以为在成都城里看到的就是迎春花。

野迎春是公园最常见的绿化植物　李黎 / 摄

石海椒　李黎/摄

　　因而有一阵我向人介绍此花时，都避开"迎春"，而用"云南黄素馨"这个名字。奈何"素馨"又难写了些，更重要的是，我同朋友多次捞了花枝，凑近闻花，都没觉出什么"馨香"来，就有些更难解释了。为了验证野迎春是否具有"千朵万朵压枝低"的实力，我们还趴在桥上看了好一会儿，想看是否有"流连戏蝶"。早春的时候偶尔有一些粉蝶什么的，也没见它们往野迎春花上来。不知是不是天气原因，蜜蜂之类的访花昆虫也没见到——这就是连昆虫们都不觉得它"馨"了。何况也并不在云南，名字里只剩个"黄"字贴合，我就不大好意思再介绍这个名字了。

素馨花（*Jasminum grandiflorum*）倒是历史上就有种植的花卉，只是现在知晓的人不那么多了。而与之同类，成都人也常接触的就是茉莉花了，喝"碧潭飘雪"的时候，所观之"雪"便是这茉莉花。碧潭飘雪的芬芳中融入了茉莉花淡雅的芬芳，清新雅致，如此才让人觉得不辜负野迎春、素馨花、茉莉花同在的"素馨属"的名称。

野迎春在成都种得很多，尤其喜欢种在一些水域旁，做一些"花照水"的景观。路旁也常有，尤其一些繁忙的马路边，意外看到连片的黄色"篱笆"，都觉得满足匆忙行人的道路比平时可爱些了。也有从高墙上垂下来做花墙的，是拍照的好去处。

而我在郊县低山区看到石海椒（*Reinwardtia indica*）的时候，瞬间觉得这花若园艺化，应该同野迎春有异曲同工之妙——也是明黄色的花，花形较为优美，同样是灌木，只是枝条没有那么长。后来有一回去山上选植树的点，爬下一个山坡，半个山坳都是石海椒在开花。毫无人工修整，它们就自己发展成这样，天然、恣意。浅浅的黄色带来浓烈的生机，又有一些阳光照在花上，顿时令人感受到生命的热情扑面而来，使人舒心、欢快。感受着这般勃勃生机，我不禁遐想：若是能将如此景致引入寻常街巷，该能给城市的春天带来多么活泼的新意啊！

（李黎 / 文）

玉兰:
玉树临风
>>>

中文名：玉兰
学名：*Yulania denudata*
拼音：yù lán
科属：木兰科　玉兰属
物候期：一年开花两次，花期
2—3月和7—9月，秋季复花与
当年气候有关，果期8—9月

玉兰　李黎 / 摄

　　"言念君子，温其如玉""如切如磋，如琢如磨"，在中国传统
文化中，君子和玉是密不可分的。《礼记》中曾详细解释了"君子
比德于玉"的内涵，而杜甫曾为他八个爱喝酒的文艺朋友写诗，将
崔宗之描述成"皎如玉树临风前"，成就了古典的英俊男儿形象，
"玉树临风"便成为形容美男子的高频词语，让人从字面想象出某
种风姿、气质。后来我又看到李渔承袭王世懋的话，说："世无玉

树，请以此花当之。"方发现古人也用玉来形容自然物种。

"此花"说的便是一树玉兰。

王世懋和李渔把玉兰视作玉树，一来是花色洁白，有时花瓣底端微微透出一些碧绿色；二来玉兰先花后叶，花开时没有绿叶之色乱了花色；三是花开得恣意，花大又多，集中在相对较短的时间里盛开，没有明显次第开放的感觉，于盛花期一看，一树洁白，倒真是有"白玉"的颜色。

我一直觉得这花不好在近处端详，得退一步远看。一是因为花开得"来势汹汹"，容易满满一树都是，近看倒不能体味其中阵势；再者，花瓣大却无力，凑近了看，反而不够精致，离远点看还有些姿态。

光叶玉兰　李黎／摄

二乔玉兰 李黎／摄

玉兰花开得快，败得也快。李渔觉得它是经不得春雨，一宿微雨之后，就全然没有了之前的可爱，反而变得腐烂可憎，一损俱损，一瓣不留，还不如没有花的时候。是不是春雨的缘故，我不确定，但花败的样子也确实比其他的花要难看得多，余光看到，都不忍心多停留。尤其一地的花瓣，也透露着太多褐色的衰败。这样极端的开放与凋谢，大概是它所信奉的"处世哲学"。

如此，便同我以为的"温润如玉"，差异大了些。

突然明白了我同古人的审美差异，至少是跟杜甫、李渔的审美差异。对着一树盛放的玉兰，我断不会视其为"玉树"，更不会想到"玉树临风"的男子，如非要联想到人，我也只能想到《木兰辞》里的花木兰。但这并非源自树的形象，而是源自玉兰所属分类——木兰科。

二乔玉兰　李黎 / 摄

少时背《木兰辞》，虽全文并无对"木兰花"的描写，但一直存着疑问——世间真有花叫"木兰"吗？若有，又是什么模样？

后来开始关心植物，才知道"木兰"可以指很多种。而和女性颜色相联系的，倒让我想到一种园艺杂交的品种："二乔玉兰"——园艺上，把玉兰和紫玉兰（辛夷）杂交成一个新的品种，取名为"二乔玉兰"。

二乔玉兰的花色很多样，总的来说是白里带着不同程度的紫红，如同晕染胭脂的姣好面庞，花期和玉兰有重叠，如果栽种在一起，有时还察觉不到原来是两种。

虽然没有认真探究过其名字的来历，兀自觉得是用了三国美女"大小乔"的典故。玉兰和紫玉兰如同大小乔，集合了二者容姿的长处便取名"二乔"了？这名字可能包含了某种解决鱼和熊掌难题的办法吧。

但这同我所以为的"花木兰"仍是有些出入的，或者说不够多元、立体，于是我便在野外开始"关心"起木兰科的其他花树了。

我见到的第一种野生状态"木兰"也是自带"女性"属性——圆叶天女花，听名字立马让我想起了"天女散花"纷纷扬扬的浪漫场景。只是想象和眼前是两般景象：较大的花朵，花色洁白，并没有纷纷飘落、要在肩头停滞的样子。但它们高驻枝头，仰望时略透着光，这么一想，确有高不可攀的天女之姿。圆叶天女花花叶同期，花虽大，但叶也不小，将花隐匿了一些，有些神秘和距离感，也因此我闻不到气味。我一直好奇着"天女散花"是何等样的香气，直到一年后，看到朋友发了个微博，配图是他凑近拍了一枝盛花期的圆叶天女花，评论里谈及气味，说是"原味大宝 SOD 蜜"。彼时，我内心飘过了一个噙着泪微笑的表情——原来"仙气"是这个味儿。

可转念一想，是我本末倒置了。原本就是日化产品里常用的工

康定木兰王——光叶玉兰　李斌 / 摄

去年夏天，我们都能见识到荷花玉兰的美，还未走近，就能闻到空气中的阵阵幽香。

5~6月为花期。

叶深绿色，有光泽，椭圆形。

大朵大朵的百花，掩映在绿叶映，有碗口那么大，洁白如玉，宛如仙子下凡，无纷争处独自芳芳。

荷花玉兰
木兰科，北美木兰属

聚合果圆柱状，淡褐色。
种子卵圆形，种皮红色。
果期9-10月

窗外的玉兰
观察笔记

爱若
2020年
于力星自然体验馆

《窗外的玉兰》自然笔记　爱若 / 图

业香精使用了玉兰之类的材料，调和出接近天然的气味。也算是得益于此，加强了我对"花木兰"气味的理解。

看志书分布情况的描述，圆叶天女花算得上是四川"特产"，于是便想起近些年，另一种因为保护工作而颇具名气的"特产"——光叶木兰。

说光叶木兰大家可能感觉陌生，但若说"康定木兰"，知道的人就多一些了，最出名的一株，是生长在康定贡嘎山里据说树龄400年的"康定木兰王"。我第一次路过的时候，不是花期，没见到巨型花树的模样，但见株型挺拔、干练，有些遗世而独立的风姿。细看树干、树枝，能感受到饱满的岁月沉淀，其上还附着了不少其他生物的痕迹，承载、包容的样子，正是时间赋予的君子气质。

后来得见朋友拍回来的花期照片，又是另一番花容妩媚的样子。年初去卧龙，终于得见花期的光叶木兰，路边山坡上一树花兀自开放，使我想近前一探究竟，可叹树高坡陡，不能凑近，流连许久，总是不及，怅然离开。

途中休息时，车泊在一座庙前，却看见一旁稍显破败的屋后，一丛光叶木兰花树探出，热烈绽放。同屋主沟通后，他同意让我们爬上楼去拍照，上得楼来，花便在触手可及的地方了。就那么单纯的一树粉白花朵，被风吹着，花瓣颤动，阳光都显得跳跃了。我却慌了手，距离虽然近了，却并不一定是想象那般最美的角度了。试探着拍了拍，始终不如意，干脆放下了相机。

离开时，我一直回头去看又被房屋遮挡了大部分的花树。这一树炽盛的木兰，显得生机勃勃。越是放在能看得清格局的环境中，越是能直接体会这种烂漫、热烈。于是便同朋友喃喃："还是这样好看些，越看越好看。"

（李黎／文）

樱花：美的意境 ›››

日本晚樱 龚全意 / 摄

"樱花啊，樱花啊，暮春时节天将晓，霞光照眼花英笑，万里长空白云起，美丽芬芳任风飘，去看花，去看花，看花要趁早。"每到樱花烂漫的季节，望着如绯红的轻云般的花朵在枝头绽放时，年少时听过的这首日本民谣《樱花》的旋律总会萦绕在脑海。那时，在我成

中文名：日本晚樱
学名：*Prunus serrulata var. lannesiana*
拼音：rì běn wǎn yīng
科属：蔷薇科 樱属
物候期：花期 4 月，果期 5 月

长的小城，樱花并不多见，我对樱花的印象，除了这首歌，更多来自日本电影和图片，因此，从小便觉得樱花是极美极浪漫的花。

4月初，为一睹樱花之美，特地驱车前往崇州三郎镇樱花基地。车子沿着窄窄的山路盘旋而上，快到半山腰时，漫山遍野灿若云霞的粉色映入眼帘，依山势种植的樱花错落有致，次第开放，登高而上，樱花逐渐稠密起来。4月初的山上，

关山樱，是日本晚樱的一种　龚全意／摄

见得最多的便是日本樱花"染井吉野""普贤象樱""粉红佳人"和"日本晚樱"。樱花品种众多，仔细观察，各有风采。

"染井吉野"，一见名字便知是日本人培育的品种。该品种树形高大，可达 10—15 米；为单瓣花，淡粉红色，4—5 朵花形成总状花序，萼片及花梗上有毛，小花柄、萼筒、萼片上有很多细毛，萼筒上部比较细，花蕾粉红色，在叶子长出前就盛开略带粉红色的白花，小巧而精致。

看到"普贤象樱"这个名字时，我很好奇为什么和普贤菩萨同名？查资料得知，原来是因其两枚雌蕊叶化后弯成象牙状凸出来，像极了普贤菩萨所骑大象而得名。普贤象樱是重瓣花品种，花叶同开，是花期最晚的重瓣樱花，花期在 4 月上中旬。花苞初开时粉红，待到花朵全部打开后变为粉白，外侧的花瓣边缘淡红色，中部

樱花特写　龚全意/摄

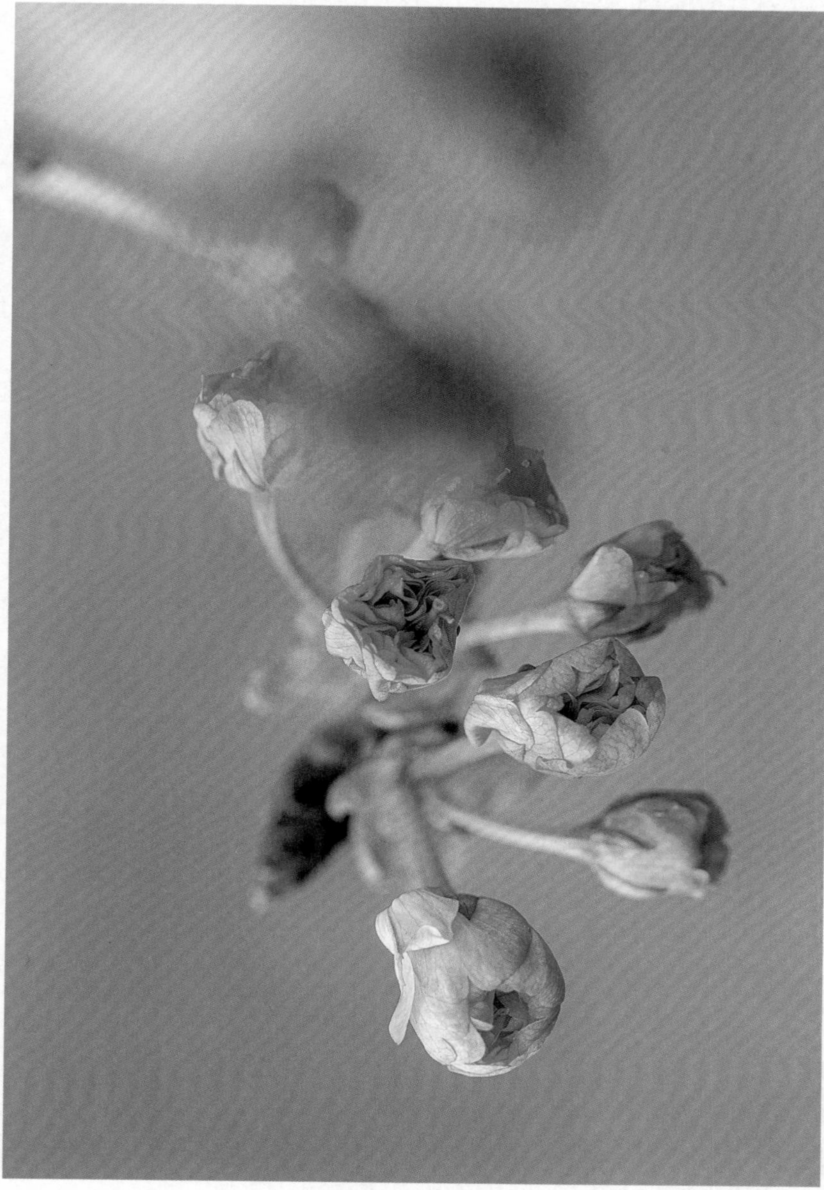

樱花是伞房花序，有较长的花梗　龚全意 / 摄

含苞欲放的樱花 龚全意／摄

近白色，花梗弯曲下垂。盛开时其花瓣数量可达 20—50 枚。

"红粉佳人"，花如其名，看上去就很妩媚美丽。这一品种先花后叶，花蕾玫红色，花开后为粉红色。开放时 5 枚花瓣分离而平展于一个平面上，花朵比一般单瓣樱花大。

"日本晚樱"，栽培历史悠久的日本国花，园艺品种极多。按花色由浅至深可分为纯白、粉白及深粉，幼叶有黄绿、红褐至紫红诸色，花瓣有单瓣、半重瓣和重瓣之别，伞房花序，花期 4—5 月。

站在山顶，放眼望去，漫山遍野氤氲开来的粉色，赏心悦目；微风吹过，树叶儿哗哗作响，心旷神怡；深吸一口气，清新的空气沁人心脾；盛开着的粉色花儿，在这个春天难得一见的蓝天映衬下，分外妖娆。

春日樱花　龚全意 / 摄

春日樱花　龚全意／摄

日本晚樱是较常见的观赏樱花品种　龚全意/摄

　　教哲学的东教授说：樱花太美了！此话不假。电影《秒速5厘米》里，当男主角站在漫天飘落的樱花之中悠悠说道："樱花飘落的速度，秒速5厘米，看，好像雪一样！"极美！

　　东教授又说：希望在樱花树下喝茶。樱花从开花至凋零只有七天，人们总是趁着花朵在枝头时带着茶点聚到樱花树下饮茶赏花，看着妩媚娇艳的樱花花瓣短暂灿烂后翩翩摇曳融入大地，感念凋谢在最美一刻的瞬间绚烂，享受这短暂的美好时光。

　　看花，开时要来，落时也要来。因为，有许多故事，开局可爱，结局更动人。

（黄云／文）

街巷里的木香花 ›››

木香花爬满院墙　李黎/摄

中文名：木香花
学名：*Rosa banksiae*
拼音：mù xiāng huā
科属：蔷薇科　蔷薇属
物候期：花期4—5月

上下班的时候，会经过一面老旧的院墙。每年清明节前后，院墙上溢出的木香花都格外惹眼。节前明明还只是零星几朵，几天假日过后，突然整个墙头都铺满且坠落下来，一片雪白。这般景象不免让人感慨：果然春光是要争先恐后的。

路过的老人们都说这种花叫

黄木香

"七里香"，这与周杰伦的《七里香》说的不是同一种。朋友过来拍它，在周围的小巷也转了转，发现在另一个小区里，景象比这个还热闹。木香从高楼坠下，然后又顺着二楼的棚架往前发展。整栋墙面加上凉棚架顶都是"白雪皑皑"的景象。小区因为年岁已久，没有现在相对规整的绿化，但这放纵的一院木香花，就让整个环境显得美好、活泼了许多。

后来我接到任务研究杜诗"千朵万朵压枝低"的到底是什么花的时候，我脑中第一个冒出来的就是木香花。木香花四川有分布，且种植历史悠久，又是攀援小灌木，枝条柔软，开花时花量大，具

城市中的木香花　李黎 / 摄

木香花　李志燕 / 摄

备我们当时推理认定的基本条件。但为了谨慎验证花时和诗歌描述
的是否符合等情况，我还是等了一年，想通过进一步观察来验证木
香花的可能性。

　　随着观察，我愈发觉得杜甫看到的可能是一个组合景观，而具
体是哪一种花"压枝低"也许比我之前认定的可能性要多得多。但
木香花应该仍是其中一个符合条件的可能。在我把想法梳理成文的
过程中，偶然因为浆洗街堵车太厉害，拐进了南浦东路。本来一直
低头，突然被余光里对岸的景象吸引——一片接一片的雪白，全是
盛开的木香花。待到车过桥到对岸来，却看不见了。第二天天气虽
不大好，但还是兴冲冲地带着相机去了锦江边。顺着锦里中路沿河
的绿化区一直走，果然好多处都种了木香花。尤其在拒霜园附近，
还修了花架。花架被木香花枝盖得严严实实的。花架下的长廊里都
是附近得闲的居民，坐的坐，站的站，正热闹地进行娱乐活动。我

兜转到花架背后，海桐灌丛里还树立了一通石碑，看着是一张成都的旧照。想要凑近看有没有说明文字，奈何灌丛阻我。大概是旧时跨越锦江的哪座桥的照片吧。我继续沿着河边走了一段，又碰到了杜甫的雕像，还有一些雕刻的杜甫的诗文，于是打开地图看了看位置，设想着如果当年杜甫江畔独步的话，沿着锦江过来，也很可能走到的就是这条路线吧，只是现在沿江的风光同当年相比该是有很大的差异了。

黄木香花　李黎／摄

阳光下的黄木香花　李黎 / 摄

　　白木香花在城里是占多数的，也有一些其他的种类。在川大望江校区，能看到黄木香花同白木香花混在一起，也有单独两种成花墙的。这两种都是重瓣花，区别是花色一黄一白。还有一种白色花瓣的单瓣白木香，这是木香花的野生原始类型，园艺中种植的要少很多。3 月初的时候，在城南一座公园的荒地见到野生种开放时，发现野生种同现在园艺种的地理分布距离如此之近，瞬间又想了很多。到底是什么时候，又是谁被开在野地里的木香花吸引，认为其美丽动人，移栽到家中？又是怎么逐渐扩散开来？木香花是就这么一直在成都城里入户了，还是又经历了什么重新回归？

成都城里的绿化植物总是有一波一波的流行，流行给人带来新奇感。但木香花一直让我觉得没有疏离感，特别有"市井之气"。看过一个成都城市生态主题的短片后，我便感慨，换作是我，我拍的内容里，一定会有木香花。我要去人民公园划一艘风格最跳脱的船，徘徊在鹤鸣茶社的烟火之气里。不用刻意抬头去看如同负雪的木香花和夹杂在其中的紫藤花，因为船已经入画了，悠悠的花香使我沉浸在此……

（李黎／文）

女贞：都市鸟儿的
冬季粮仓 ›››

成熟的女贞果是黑尾蜡嘴雀的美食　沈尤/摄

中文名：女贞
学名：*Ligustrum lucidum*
拼音：nǚ zhēn
科属：木犀科　女贞属
物候期：花期 5—7 月，果
期 7 月至翌年 5 月

　　成都的街巷种有多种多样的行
道树，女贞是颇为典型的一种，在
河边绿地和小区里巷尤为常见。女
贞是木犀科女贞属常绿灌木或乔
木，树高可达 25 米，树皮灰褐色，
叶子常年深绿色。对成都这样气候
温润、植被多样而丰富的城市而

言，女贞算是颜值较为普通的绿植了。

但就是这种常被人忽视存在的绿植，也有高光时刻。每年4—5月春末夏初，正是女贞开花的时节，花呈白色，虽然很小，但密密匝匝地缀于枝头，在阳光下非常的亮眼，微风袭来，自在摇摆，淡淡的清香招来蜂蝶，如若你能留意此景，再驻足观赏，其实也是一种不错的晚春初夏风景。花期过后，枝头冒出密密匝匝的果子，个头依然很小，绿绿的。到了秋尽冬来时，果子成熟，由绿色变为黑色，表面似有一层白灰，沉甸甸地压在枝头。尽管女贞的果子其

白色的女贞花　　沈尤 / 摄

还未成熟的女贞果，呈青色　｜　成熟的女贞果，呈紫色

小太平鸟在享受女贞果盛餐 沈尤/摄

貌不扬，也不入人们的口腹，可能遭人们的"嫌弃"，但女贞富含油脂的果子，却成了鸟儿们的"冬季粮仓"。

成都的冬天，于鸟儿们而言是缺少吃食的季节，它们为寻找果腹之物而四处游荡，幸好有了女贞。以栽种的面积和数量而论，成都市区的女贞果子储量在很大程度上解决了鸟儿们过冬的口粮问题。黑尾蜡嘴雀、白头鹎、乌鸫、白颊噪鹛、八哥、树麻雀等城市留居的鸟儿们只需跳上树去就可以大快朵颐。我在玉林八巷一带的女贞上还见过成都较难见到的小太平鸟集群吃果的景象，最壮观的要数灰椋鸟和丝光椋鸟，它们几十、数百，甚至成千只聚集在一起觅食。

女贞，成了冬季留居都市的鸟儿们的"食堂"，这让我明白，再普通的草木也有其不可或缺的自然意义。

（沈尤/文）

寻找真梧桐 ›››

梧桐的果实　李黎 / 摄

中文名：梧桐
学名：*Firmiana simplex*
拼音：wú tóng
科属：锦葵科　梧桐属
物候期：花期 6 月，果期 9—10 月

我一直记得就读的中学操场边上有一排大树，树型高大、挺拔，树皮偏白，总是有深浅不一的绿色的斑驳；树叶大，形似手掌，不过角度更锐利些；总爱结一些球状的果子，散落在地上，藏在一摊落叶中，若不去管它，不知道什么时候就裂开了。若起一阵风，或是有人

从旁经过，落叶就再也覆不住了，黄褐色的绒毛随风而起，四处飘散。于是远远看到树下有些毛茸茸的样子，人就不爱从那边经过了。有些是呼吸道敏感，有些是看见毛茸茸，便觉得身上都痒起来了。

后来知道那是一排"法国梧桐"，也称二球悬铃木。乍听觉得挺有风情的名字，细细探究，却得知"法国梧桐"并不是法国的，也不是梧桐。

这是我们俗称不如学名准确的弊端。最被熟知的俗称"法国梧桐"，据说因为最初是从法国被引进国内，并栽种在当时的"法租界"而得以流传开来。而因缘际会，三球悬铃木也曾被称为"法国梧桐"，而二球悬铃木又被称为"英国梧桐"。此外，还有一球悬铃木被称为"美国梧桐"。

二球悬铃木 李黎／摄

为了避免让人更糊涂、混淆，再有人指着"法国梧桐"问我的时候，我多是指着树上挂着的"球"，让对方将之想象成悬挂于枝头的铃铛，再细看看树干和树叶的形状，告诉对方，长这样的就是悬铃木。然后再数一数"球"的组合模式，就获得了知道这类树木

二球悬铃木　李黎 / 摄

作为行道树的梧桐　李黎 / 摄　　　　　　　　　　　　　梧桐　李黎 / 摄

名称的法则：一球的叫"一球悬铃木"；二球一组的叫"二球悬铃木"；三球一组的叫"三球悬铃木"。这样你就把全国的悬铃木都认识了。对"悬铃木"的名称加深印象，就不要再在"梧桐"名称里混沌了。

　　何况，从植物学分类的角度，悬铃木和梧桐也不是"一家人"。前者属于悬铃木科悬铃木属，而梧桐则是锦葵科梧桐属。

大约是因为从名称的混沌中逃脱，占用了我过多的注意力，使得我一时倒忽略了什么是梧桐。意识到这个问题，我是有些震惊的。因为直觉中梧桐如此熟悉，而我至此并未真正见过梧桐，脑中迅速闪过若干树的样子，都不是。急切地想去找来看看，然而梧桐却不如悬铃木那么好找了。

　　朋友说他学校里有，带我去看了，一下明白了为什么二球悬铃木被引种后，会被称为"梧桐"，乍一看二者确实有类似的地方。最直观的是树叶都比较大，形状都像手掌。二者相较，梧桐的"手掌"线条要圆润得多，整体要比"法国梧桐"略大些。梧桐树叶互相交叠，树冠显得比其他很多的树要格外旺盛些，没给多少机会让阳光漏下来，果然是遮阴的好选择。细看树干是淡淡的绿色，大概是因此有了"青桐"的名字，虽有纹理，但摸上去相对算是光滑的了。可能是"年纪"不大，没长太高，显得"头"太大，也有可能是我心里总想着"凤栖梧桐"的样子，总觉得梧桐该更有灵气些，因此一时没能接受。时值农历五月，没撞上开花结果。匆匆看过，就和朋友接着去看其他的树了。

　　后来有一回 10 月下旬，在府河边上绿化带里，看到有几棵行道树居然是梧桐，还挂着"果子"。不同于"法国梧桐"的球型头状果序，梧桐的蓇葖果像是成串的扁平的小勺子，细看可以看到已经露出来的圆圆的种子。我好奇地想要捡几个来端详，低头绕树找了一圈，没找到掉落的果或种子，又够不着树上的，于是只好放弃捡拾种子观摩的念头。天色将晚，拍了几张照片便离去了。

　　见过梧桐本尊之后，不禁开始琢磨，之前直觉的熟悉感到底从何而来。细细追究，应该是文字记载带来的文化意象：有《诗经》里带着天马行空想象力的"自然观察"——"凤栖梧桐"，也有唐

梧桐叶　李黎／摄

诗宋词里悲凉寂寥的秋日情绪，还有历代作为美好爱情的象征，等等。这些文字描述呈现的是梧桐从一种深入生活的常见树木的自然实体，通过创作，成为多样的文化意象。于我，反而调换了顺序，先虚后实了。

　　从两种角度得来的信息，特别像是武侠小说里说的两股体内相冲的"真气"，一开始并不是互相匹配、融合的，需要一个"修炼"的过程——重新用现在的知识去分辨、求证、梳理。比如缺乏标准、规范的形态描述，导致"梧桐"和"桐"在不同的语境中，可能指向的对象并不仅仅是现在单一指向的"梧桐"，有可能是泡桐、油桐等。前人记载梧桐乃"雌雄异株"——"梧为雄，桐为雌"，按照现在的观察并非如此。但也并非全部的记录都有偏差，其中尤其让我觉得有趣的就是和生产生活密切相关的部分。

梧桐树干 李黎 / 摄

看《植物志》中对梧桐的描述部分，提到"木材刨片可浸出黏液，称刨花、润发"。网上资料不多，我也未曾在生活中听说过，便咨询了长辈。我理解它的功能应该类似发胶，辅助定型。这大概就是在当今工业化的产品乃至"洋货"头油出现之前，更为"主流"的家庭"日化产品"。至于是否有"滋养"的部分，从视觉上看应该不错，实质是否有这个作用，可能需要用现在的化学手段去验证了。有个长辈也只是少时见过他的奶奶用过，请教了一下年份，是距离现在逾百年的事儿了。因此那些画像上高耸的发髻，应是凝结了不少如今无法想象的智慧的。观梧桐，也成为一种对从前的生活方式的管中窥豹，而从细处体味出来的细节也显得格外生动些。

（李黎 / 文）

拐枣 〉〉〉

拐枣绿色的小花　孙海 / 摄

中文名：枳椇
学名：*Hovenia acerba*
拼音：zhǐ jǔ
科属：鼠李科　枳椇属
物候期：花期 5—7 月，果期
8—10 月

太升南路是一条宁静的小街，据说，清代此街住有一位曹姓进士，其宅院中有一株百年树龄的大拐枣树，于是小街便以树得名。如今拐枣树街上，曹姓进士的老宅院和院中老拐枣树都早已消逝于时光之中，不过长约两百米的小街两

拐枣树街 孙海／摄

侧，仍然还有不少枝繁叶茂的拐枣树。

　　夏季正是拐枣树的枝叶生长最为迅速的时期，拐枣树有着互生的宽卵形或心形的叶片，叶的边缘有浅而钝的细锯齿。6 月，拐枣树街的拐枣树开花了，在翠绿的枝叶之间，拐枣树开出了一树同样淡绿色的花。拐枣树的花很小，每一朵小花也极不显眼，既没有让人惊艳的颜值，更没有让人着迷的色彩，许多小花热热闹闹地聚在一起，组成了一个很大的聚伞圆锥花序，整个花序着生在小枝的顶端或枝腋，盛花期时，绿色的花序在枝头显得极为壮观，散发出的淡淡香气吸引了无数的蜜蜂围着它们嘤嘤起舞。只是，也许是因为拐枣树的长相看起来十分普通，哪怕到了花开时节，小街的拐枣树也很少引起来来往往的人们注意。

拐枣在《中国植物志》中的植物名是枳椇，来自鼠李科枳椇属，是我国各省十分常见的一种树木。除了分布于中国，拐枣树还分布于朝鲜、日本、印度和东南亚多国。拐枣树的花期并不长，花期后，拐枣树很快就会结出一树扭曲的果实。相比起极为平淡的花朵，拐枣树的果实却很奇特。约莫在中秋前后，人们不难在这条小街上捡到一串串树枝状的成熟的果序枝，它们歪歪扭扭，顶端挂着一颗颗褐色的小球，整体上既没有规整的形状，也没有美丽的光泽，看起来甚至有些丑陋，这些长得极其随心所欲的家伙就是拐枣树的果实，连接枳椇果实的果梗扭曲形成了一个个"卍"字形，鸡爪子状，再加之拐枣树的叶片有点像枣树叶片，难怪它们才有了拐枣、鸡爪果这一类的名字。

拐枣含糖量极高，可以鲜食，也可用来制糖或者酿酒，因其味甘美如饴，又被称为木蜜或树蜜。而拐枣的英文名 *raisin tree*，意思是葡萄干树，形容它们的味道如同葡萄干般甘甜。值得一提的是，拐枣可食用的部位并非它们真正的果实，而是它们肥厚的果梗，也就是连接果实与植株之间的如鸡爪子状那段弯弯扭扭的茎。拐枣的果梗在丑陋扭曲的外表下，却有着极为甜蜜的内在灵魂。

拐枣树是一种高大的落叶乔木，它们喜欢生长在开阔地、山坡林缘或疏林中等光照充足的地方，成材后最高可以长到 20 余米。在中国，拐枣树分布极广，在气候和环境适合的条件下，拐枣树能够悠久绵长地存活下去。在先秦时期的《诗经》中，就有了拐枣树的记载："南山有枸，北山有楰。乐只君子，遐不黄耇。"拐枣树古时亦称枸，楰为刺楸，南山指秦岭。在《诗经·小雅》里，这首祝福子孙后代幸福绵长的《南山有台》，就有了拐枣树的身影。东汉许慎撰《说文》，提到枸是树木，果可为酱，是为枸酱。枸酱在今

拐枣 孙海/摄

天已经难觅踪影，但还能从班固《汉书》中感受一下枸酱的美味：
"枸树如桑，其椹长二三寸，味酢。取其实以为酱，美。蜀人以为
珍味。"枸酱为蜀地美味，史籍虽多有记载，然而植物真身为何物
种，从古至今众说纷纭，并无定论。其中，四川大学著名学者任乃
强先生在《蜀枸酱入番考》一文中考证，认为枸酱为古僰人以枳蒟
（枳椇）酿制。

美味的蜀地枸酱曾为华夏一统立过一功。《史记·西南夷列传》记载，番阳令唐蒙奉命出使南越，南越王宴请唐蒙。宴席上，唐蒙品尝到了蜀国产的枸酱后觉得非常好奇，因为蜀国远离南越，当时道路又不通，蜀地的枸酱是怎么出现在千里之外的南越国呢？于是唐蒙私下做了一番详细的调查，得知枸酱是被蜀商卖到邻近的夜郎国，然后再经一条叫牂柯江的河流运往南越国都番禺城。回到长安后，唐蒙上书汉武帝，可以先招抚夜郎，再从夜郎国牂柯江南下攻打南越。汉武帝觉得唐蒙说得很有道理，于是调兵十万，分兵五路攻打南越，其中一路就是从夜郎国招抚而来的军队，他们直下牂柯江。最终，武帝征服了南越，国家重新统一。

拐枣树甜蜜扭曲的膨大果梗顶端挂着的一颗颗小球才是它们真正的果实，拐枣的果实为球形核果，成熟时为黄褐色或棕褐色，如果将干巴巴圆球形的果实剖开，可以见到里面有 3 个小室，每一室内都结着 1 枚暗褐色或黑紫色的种子。当然，对一个吃货而言，没有那么多的麻烦，这些圆球一样的核果会被毫不在意地丢弃，然后，闭上眼睛，用舌尖细细感受来自拐枣灵魂深处的甜蜜。

（孙海 / 文）

蜀葵：向阳而生的 "丝路之花" ›››

蜀葵－甘肃关口　邹滔／摄

中文名：蜀葵
学名：*Alcea rosea*
拼音：shǔ kuí
科属：锦葵科　蜀葵属
物候期：花期 6—8 月

"娇鸟歌春燕，名花放蜀葵。"这是明人尹耕《过汪中山舍人园亭》中的诗句。初夏时节，在天回镇的乡野，在青城后山的人家，你不经意间就会看见一排排或姹紫嫣红或纯白素净的蜀葵。

蜀葵，锦葵科植物，二年生直立草本，植株挺拔，高可达 2 米，颜色丰富鲜艳，花分单瓣或重瓣，不管南方、北方都易生。蜀葵最早被称为"菺"，成书于战国或两汉之间的《尔雅·释草》载："菺，戎葵。"晋郭璞注释说："今蜀葵也。"李时珍《本草纲目》引用唐人陈藏器《本草拾遗》佚文说："戎、蜀，其所自来，因以名之。"南宋罗愿《尔雅翼》认为："今戎葵，一名蜀葵，则自蜀来也，如胡豆谓之戎菽，亦自胡中来。"因此，人们大多认为蜀葵的故乡是四川或西南地区。

《本草纲目》中记载："蜀葵，处处人家植之。"早在东汉，张衡《西京赋》提到汉武帝的皇家园林"上林苑"时，其中就种有花开时花团锦簇、五彩缤纷的蜀葵。自魏晋南北朝开始，蜀葵声名远播，备受宠爱。南朝梁文学家王筠在《蜀葵花赋》中赞美其"迈众芳而秀出，冠杂卉而当闻"。她的美丽，还使她踏上了一条通向世界的丝绸之路。今天，在敦煌莫高窟、西千佛洞和榆林窟的一些唐宋的洞窟壁画上，不管是佛经故事还是供养人画，都可见蜀葵美丽而修长的身影，而且还有菩萨手捧一盘或手持一枝黑色蜀葵花奉佛的画面。

踏上丝路的蜀葵，在进入佛教视野的同时，也进入了西方的花园和基督教绘画之中。意大利画家达·芬奇和波提切利的同学、拉斐尔的老师彼得罗·佩鲁吉诺，在他创作的油画《基督受难与使徒》中，就有一株单瓣的红色蜀葵，仿佛在述说着蜀葵早已从神秘的东方远道而来。此后，蜀葵不但常常和天使在一起，也成为众多油画大师如凡·高、莫奈描摹的对象。

蜀葵向阳而生，大约自宋朝开始逐渐成为忠诚的象征，如韩琦《蜀葵》"不入当时眼，其如向日心"，王镃《蜀葵》"花根疑是忠臣骨，开出倾心向太阳"等。直到明万历年间，西方的一种菊科植物传入中国，因为有着和蜀葵一样向阳的特性，被文徵明的曾孙文震亨在《长物志》里，移用"葵"字为其取了一个好听的名字"向日

绽放的蜀葵　邹滔 / 摄

葵"，取代了中国本土曾经"向日"的蜀葵。

清初陈淏子《花镜》记载："蜀葵，阳草也……叶似桐，大而尖。花似木槿而大，从根至顶，次第开出，单瓣者多，若千叶、五心、重台、剪绒、锯口者，虽有而难得。若栽于向阳肥地，不时浇灌，则花生奇态，而色有大红、粉红、深紫、浅紫、纯白、墨色之异。好事者多亲种于园林，开如肃锦夺目。"其后谢堃《花木小志》则指出："花最易生，枝叶又粗，人不甚惜。然细审之，其色有深红、桃红、水红、秋紫、澹紫、茄皮紫、浅黑、浑白、洁白、深黄、浅蓝十余种，形有千叶、五出、重台、细瓣、圆瓣、锯口、重瓣种种不一，五月繁华，赖有此耳。尝遍种于假山石上，暖风过处，真成锦绣堆矣。"

在成都平原的 5 至 6 月，麦子熟了的时候，成都平原上的蜀葵就开始次第绽放了。最先是从花茎中部开始开花，然后直至整个花茎。一朵花，一般要开十多天，花儿凋零后，会迅速干枯，花苞再次合拢，开始孕育生命的种子。而旁边的花蕾，也前赴后继地接力而开。在阳光下，硕大的花儿像丝绸，像绢帛。蜀葵就这样一天天向阳，一天天开花，整个花茎都开满了花，一直要开到 8 月，开到秋天来临。

今天，在金堂的鲜花山谷，有一个世界上面积最大、品种最多的蜀葵花园。主人周小林不但成了蜀葵研究专家，还编撰了一本《中国蜀葵品种图志》，全面系统地展示了中国蜀葵品种的多样与美丽，并第一次为每种蜀葵确定了中文名字——"天府飘雪""浣花女"等命名，让人怀念与遐想，被誉为"丝路之花"的蜀葵，回到了它的天府故乡。

（林元亨／文）

招瑶之桂
花香月夜 〉〉〉

金桂　沈尤 / 摄

中文名：木犀（桂花）
学名：*Osmanthus fragrans*
拼音：mù xī （guì huā）
科属：木犀科　木犀属
物候期：花期 9—10 月上旬，
果期翌年 3 月

成都人偏爱桂花。每逢农历八月，从城区的桂花巷、小南街、芳邻路、琴台路、百花潭、浣花溪，到新都的桂湖和芳华桂城、温江寿安，再到郫都安德镇大川桂花专业合作社，都可见到杨慎在《桂林一枝》中所咏叹的满树花枝："宝树林中碧玉凉，秋风又送木樨黄。摘来金粟枝枝艳，插上乌云朵朵香。"

桂花是木犀科木犀属植物，有四季桂、丹桂、金桂、银桂四个品种群。以花色而言，有金桂、银桂、丹桂之分；以叶型而言，有滴水黄、柴柄黄、金扇桂、柳叶桂、葵花叶之分；以花期而言，有八月桂、四季桂、月月佳之分。一般的桂花花期有三茬，一茬在白露，一茬在秋分，一茬要到阳历10月后，开花进程可分为圆珠期、顶壳期、铃梗期、香眼期、初花期、盛花期和衰老期七个时期。

我国种植桂花历史悠久。早在《山海经》中就提到"招瑶之山，……多桂多金玉""皋涂之山，……其上多桂木"；屈原《九歌》有"援北斗兮酌桂浆，辛夷车兮结桂旗"之语；而《吕氏春秋》则

月桂　沈尤/摄

丹桂　沈尤/摄

盛赞桂花："物之美者，招摇之桂。"史载汉武帝初修上林苑时，群臣献奇花异树两千余种，其中就有桂十株。晋代嵇含《南方草木状》指出，古时野生的桂花，"生必以高山之巅，冬夏常青，其类自为林，间无杂树"。明人沈周在《客座新闻》里记载了一个种满桂花的衡岳神祠："其径绵亘四十余里，夹道皆合抱松、桂相间，连云蔽日，人行空翠中，而秋来香闻十里。计其数云一万七千株，真神幻佳境。"桂花常常和玉兰、海棠、牡丹组成"玉堂富贵"，如果是种两棵桂花于庭前，就有"双桂留芳""两桂当庭"的寓意。

桂花在古典诗词里，充满了神圣、骄傲而不惹尘埃的美丽："桂子月中落，天香云外飘"（宋之问《灵隐寺》），"清影屡移松桂月，和声频送管弦风"（韩维《会微之诸君》），"暗淡轻黄体性柔，情疏迹远只香留。何须浅碧轻红色，自是花中第一流"（李清照

月桂果实　沈尤／摄

金桂　沈尤/摄

《鹧鸪天·桂花》），"独占三秋压众芳，何夸橘绿与橙黄。自从分下
月中种，果若飘来天际香"（吕声之《咏桂花》），都是咏桂的佳句。
桂花谐音"贵"，古人因此将仕途得志、飞黄腾达者说成"折桂"。
《晋书·郤诜传》记载，晋武帝泰始年间，郤诜被吏部尚书崔洪举
荐当了左丞相。他自我评价说："我就像月宫里的一段桂枝，昆仑
山上的一块宝玉。"后人遂以"桂林一枝"称誉才学出众、科举考
试中出类拔萃的人。

　　或许是因为桂花在中秋时节盛开，所以传说中，月桂树与嫦
娥、小白兔一起，成了月宫里的主人。诗人皮日休曾在中秋之夜，
徘徊于天竺寺，望月而吟："玉颗珊珊下月轮，殿前拾得露华新。

金桂　沈尤 / 摄

至今不会天中事，应是嫦娥掷与人。"杨万里《芗林五十咏·丛桂》
也说："不是人间种，移从月中来。广寒香一点，吹得满山开。"借
助嫦娥与一片月光，素净天香的桂花也沾满了仙气儿。而"吴刚伐
桂"，也是家喻户晓的故事。段成式《酉阳杂俎》说："旧言月中有
桂，有蟾蜍。故异书言，月桂高五百丈，下有一人常斫之，树创随
合。人姓吴名刚，西河人，学仙有过，谪令伐树。"月亮上不停砍
树的吴刚与民间流传小孩子指月亮要被割耳朵的告诫一样，让人
着迷。

　　宋时的成都，有十二月市，八月即"桂市"。元人费著《岁华
纪丽谱》记载："八月十五日，中秋玩月。旧宴于西楼，望月于锦
亭，今宴于大慈寺。"清人庆余《成都月市竹枝词》描绘"桂市"

说："良宵三五俗情删，喜听笙歌满市圜。无数桂花香月夜，却疑蟾蜍在人间。"至今让人对成都热闹至深夜、红男绿女纷纷出游的"桂市"充满了向往。

现在的成都主城区，以桂命名的街道，有七条：桂花巷、莲桂东路、莲桂西路、蜀都大道双桂路、三桂前街、丹桂街、东桂街。其中，桂花巷位于东城根街与长顺上街之间，清代即名"丹桂胡同"，巷子两边曾经种满了金桂和银桂。作家李劼人曾经租住于桂花巷64号院内，《暴风雨前》和《大波》都创作于此。1938年，萧军夫妇经沙汀介绍，也租住在这个院子，游记《侧面》完成，萧军在题记中写下："烛光乱颤下记于桂花巷。"桂花巷满目、满地的桂花，一定给予两位大作家无限的灵感。而李劼人在沙河堡附近的故居菱窠，也种有两株金桂，不知是否作家亲手所植？多年以后的今天，其浓香是越来越浓。

今天的成都，大规模种植的桂花苗圃、合作社等主要集中在温江、郫县（郫都）、都江堰等区县，而在市区公园、绿地、道路等公共绿地，无数桂花树装点着时尚而美丽的城市公园。一位温江寿安的花农告诉我说，成都的桂花种植量大、形美、品种多，从西南地区销往全国的桂花中，七成出自成都。

那一日，在寿安陈家桅杆的院子里，我闻着一院桂花，忽然吟出陆游的《无题》："半醉凌风过月旁，水精宫殿桂花香。素娥定赴瑶池宴，侍女皆骑白凤凰。"成都人对一棵月桂树的偏爱与热爱，都在这不可言传的美妙意境之中了。

（林元亨／文）

芙蓉花 ›››

木芙蓉　孙海 / 摄

中文名：木芙蓉
学名：*Hibiscus mutabilis*
拼音：mù fú róng
科属：锦葵科　木槿属
物候期：花期 8—10 月

　　10 月初，成都满城芙蓉花盛开，在成都金秋的季节里，芙蓉花最是常见。成都被称为锦城，也被称为蓉城，锦是锦缎，蓉是芙蓉，芙蓉花更是成都的市花。所有的成都人都会对金秋开放的芙蓉花怀有真挚的情感，只要看到有芙蓉花开的地方便会想起家乡。

五代后蜀孟昶作为一国之君，十分宠爱自己的慧妃花蕊夫人。这位精通诗词、聪慧美貌的女子，深深喜爱秋芙蓉的醉人之姿。这孟昶为讨花蕊夫人欢心，颁发诏令在成都城头尽种芙蓉，秋间盛开，沿城四十里，蔚若锦绣。他说："自古以蜀为锦城，今日观之，真锦城也。"自此以后，历代的成都城墙之上都广植芙蓉花，芙蓉城便成了成都的代名词。不过在今天，曾经一度被誉为"楼观壮

成都望江公园的芙蓉花　孙海／摄

远看芙蓉花　黄红／摄

丽，城郭完固，冠于西南，不亚于京师"的成都古城墙和城楼，早已不复存在，再也难现成都城头芙蓉花叠锦堆霞的盛景，殊为可惜。

　　11 月的金秋，北较场武担山成都古城墙遗迹下府河边的绿地中，芙蓉花开得无比的娇艳，只是城头上没有了芙蓉花的身影。武担山地处成都老城西北的北较场内，《三国志》记载刘备在武担山南设坛称帝，国号汉，年号章武，定都成都，史称蜀汉。北较场古城墙建于明清时期，过去，城头遍种芙蓉，间植桃柳。如今这里尚存一段不足三百米的城墙遗迹，也是成都这座古老城市最后的一段关于芙蓉城的记忆。

　　在神话传说中，芙蓉城是仙人的居所。这芙蓉也是仙人手中的花，李白曾写"遥见仙人彩云里，手把芙蓉朝玉京"。传说中，元始天尊居玉京山，其山在诸天之上，山顶巅峰有金、玉、宝石雕琢而成的玉虚宫。而"诗仙"太白，在一种如梦如幻的氛围下，似乎见到了面朝玉京手持芙蓉的仙人。他在另一首诗中写道："素手把芙蓉，虚步蹑太清……邀我至云台，高揖卫叔卿。"据传说，汉元封二年（公元前109年）八月壬辰，武帝闲居殿上，忽有一人乘浮云驾白鹿至于殿前，武帝惊问是谁，答曰："我中山卫叔卿也。"据说卫叔卿服云母得仙。

　　据说，宋朝大学士石延年，字曼卿，为人磊落英才、豪放旷达，不拘礼法。曼卿卒后，其故人有见之者，（曼卿）曰："我今为鬼仙，所主芙蓉城。欲呼故人往游，不得。"忽然骑一素骡去如飞。在这场恍然若梦的仙遇中，石曼卿已经成为虚无缥缈的仙境里开满芙蓉花的芙蓉城城主了。

芙蓉花　黄红 / 摄

木芙蓉是原产于中国的植物，古人常常用它来表达对高洁之士的赞赏。很久以来，古人一直以"芙蓉"喻指品性高洁的美女。传说中木芙蓉是白帝宫中管辖秋花之神，曹雪芹《红楼梦》的"痴公子杜撰芙蓉诔"篇中，贾宝玉祭悼晴雯，演绎出了一篇千古流芳的《芙蓉女儿诔》，将晴雯化为了芙蓉花仙，比作了白帝宫中抚司秋艳芙蓉女儿。

木芙蓉，古人也称其为木莲，因花"艳如荷花"而得名。中国古人文字中的芙蓉指向的有两种植物，一种就是我们今天所说的芙蓉花，也称木芙蓉，另一种则是莲（ *Nelumbo nucifera Gaertn* ），也称荷花，"芙蓉"最开始也是荷花的别名。无论芙蓉还是荷花，均深受古人的喜爱，也留下了无数传说。木芙蓉是锦葵科木槿属的落叶灌木，花单生于枝端叶腋间，开于霜降之后，花初开时白色或淡红色，后变深红色，有的品种的花色甚至可以在一日之中从粉白、粉红直到变为深红。因花朵一日三变其色，故名醉芙蓉、三醉花、三醉芙蓉。花期过后，芙蓉花会结出扁球形蒴果，蒴果上密被淡黄色刚毛和绵毛，果实成熟后会自然开裂成五爿，从开裂的果实中可以见到背面有着长长柔毛的肾形种子。

芙蓉花是秋 10 月之花，总会在金秋盛开的木芙蓉花不怕寒霜，傲然开放，既没有一般的花那样纤弱，更不会是"愁红怨绿"那般楚楚可怜的情状，繁花朵朵盛开枝头，与绿叶相互掩映。据称，芙蓉有二妙：美在照水，德在拒霜。芙蓉花性喜近水，以种于池旁水畔最为适宜。水影花颜间虚实有致，故有"照水芙蓉"之称。

残唐五代乱世，地处西南的蜀地始终偏安一隅，躲过了中原战火，坐拥天府之利的成都依然是一方盛世天堂。四十里芙蓉城繁华如锦，孟昶还曾用芙蓉花染缯为帐，取名为芙蓉帐，在丝竹管弦、

十月，成都桂溪生态公园，环球中心体量巨大的建筑身影下，芙蓉花正在绽放

孙海 / 摄

吟风弄月中安享着太平。

　　和南唐李煜一样，孟昶本也算是一位才华横溢的诗人，然而，生于帝王之家的他们，终究难逃后世史家给他一个"好声色"的亡国之君的评价。965 年，心怀一统天下壮志的宋太祖伐蜀，后蜀十四万守军和高大壮丽的锦绣芙蓉城却难敌数万宋朝虎贲之师，孟昶选择了投降。孟昶抵京七日后暴毙于京师，宋太祖占有了花蕊夫人。这一日，太祖在饮宴中令花蕊夫人以蜀亡为题即席作诗一首，于是花蕊夫人起身吟道："君王城上竖降旗，妾在深宫那得知？十四万人齐解甲，更无一个是男儿！"

（孙海 / 文）

银杏 〉〉〉

秋天人民公园的银杏树成为靓丽的景色

中文名：银杏
学名：*Ginkgo biloba*
拼音：yín xìng
科属：银杏科　银杏属
物候期：花期4—5月，
果期9—10月

12月初，成都已进入初冬季节，在这个季节中，这座城市最华丽的色彩毫无疑问是属于银杏（*Ginkgo biloba*）的金黄。每年的这个时候，成都人总会看着身边日渐金黄的银杏叶，心中祈盼着在它们最为美丽的时候，能够恰逢一个蓝色天空下的冬日暖阳。

付凯 / 图

　　锦绣街与锦绣巷比邻，位于成都南门的领事馆路附近，两条长不过 500 米的社区小街上栽种了数百株的银杏树。银杏金黄的季节，12 月的一天，久违了的温暖阳光照射到了这两条平日里十分僻静和低调的小街上，就在这极短暂的一刻，锦绣街与锦绣巷猛然间吸引无数成都人的关注，迅速地占据各大媒体和网络的版面，点燃无数成都人心中的热情，成为这个时候成都最美丽的街道。

　　银杏金黄的季节，锦绣街与锦绣巷向每一个成都人展现出令人惊艳的绝色美景。

开花时的银杏　沈尤 / 摄

初冬的阳光透过银杏树冠茂密的枝叶，折射出美丽的斑驳光影，金色的扇形叶片在风中旋转飘零，街道路面一地金黄，街边林下的行人、街头玩耍的孩子、合影赞叹的游客构成一幅浓墨重彩的城市画卷。这时，行走在铺满金色叶片的小街上，织就这金色锦绣的是满目金黄的银杏叶，盛名之下无虚士，这两条小街真无愧锦绣之名。

银杏是蓉城街道的主要行道树种之一，成都有众多的街道都栽种银杏树。市内观赏银杏的地点也很多，四川大学、电子科大、银杏路、武侯祠、人民公园都是市区内观赏银杏的绝佳所在。每年的深秋至初冬，是成都银杏金黄的季节，这是让成都人心动已久的一次约会，趁着被锦绣街与锦绣巷的金黄点燃的激情，趁着最为宝贵的冬日暖阳，这座城市的人总会怀着欣喜和期盼，前往各处观赏银杏的圣地，赶赴这场华丽的金色盛宴。

百花潭公园唐代银杏树

银杏　孙海 / 摄

银杏是植物界中的"活化石"，也是银杏纲植物现存的唯一种。两亿年前，这种古老而珍稀的裸子植物曾经广泛地分布于全球，金黄的银杏叶亦曾映照在恐龙的眼眸之中。第四纪冰川运动后，冰川破坏了银杏纲的主要生境，曾经在全世界北温带森林中均有分布的银杏纲植物几乎全部灭绝，唯有在今天中国境内的一些未被冰川影响到的地方，银杏逃过一劫少量存活下来，成为现存种子植物中最古老的孑遗植物。

　　成都有许多树龄极长的银杏古树，它们也曾见证过成都这座城市的历史。今天在百花潭公园内，有一棵树龄千年的唐代银杏，雅号"百果大仙"。此树在明末曾遭火焚，清朝又被雷击，做此"大仙"真是历尽劫难、命运多舛。幸运的是，这株唐代银杏得到了很好的保护和照顾，今天依然枝繁叶茂。而在青城山天师洞的一棵银杏树年代更为古老，据称树龄 1800 年以上，传说中，此树是张天师传道时亲手种下，于是这棵天师洞古银杏身上附会了许多陆离的传奇。清末，曾为青城山写下 394 字长联的四川人李羔济还曾作《银杏歌》赞颂这棵享寿千年的吉树："天师洞前有银杏，罗列青城百八景……"当年在成都市古树名木普查时，这棵天师洞的银杏古木毫无争议地被评为成都古树名木之首，成为当之无愧的成都树王。

　　银杏是成都的市树，是成都人最喜爱的树种，芙蓉花和银杏树为这座城市增添了生气和精神，而这座城市又赋予了它们灵气和灵性，一花一树皆有灵，它们守望着成都，而成都人对它们更是寄托了发自内心的情感。芙蓉花和银杏树已深深地烙印在了每一个成都人的灵魂中，就算远在天边，这种情感也绝不会因为时间和距离而改变，只会历久弥香更加真挚醇厚，爱上银杏便如同爱上了这座城。

（孙海 / 文）

蜡梅非梅，
在成都赏梅 ›››

三圣花乡的蜡梅　冉玉杰 / 摄

中文名：蜡梅
学名：*Chimonanthus praecox*
拼音：là méi
科属：蜡梅科　蜡梅属
物候期：花期11月至翌年3月，
果期4—11月

成都的梅花，自汉代以来便极负盛名。汉初，仅成都和长安两地有梅花种植；唐代，成都和杭州是全国仅有的两个梅艺中心；至宋代，花文化在这座城市到达极致，寻梅、赏梅、咏梅、忆梅，成为宋人精致生活中的日常，梅市更被列为"成都十二月市"之一。今天，延续上千年的风俗还在成都流行，每到赏梅的时节，人们纷纷出动，三两成行，或在梅树下驻足欣赏，或用手机或者相机拍下美照，恰如一场冬日的盛会。

然而很少有人知道，蜡梅并非梅花，蜡梅和梅花是两种不同的植物。蜡梅（*Chimonanthus*）为樟目、蜡梅科，而梅花（*Armeniaca mume Sieb*）为蔷薇目、蔷薇科，两者从目一级就分道扬镳了，甚至连近亲都算不上。那么为何蜡梅也叫"梅"呢？我们在《本草纲目》上找到了答案："蜡梅，释名黄梅花，此物非梅类，因其与梅同时，香又相近，色似蜜蜡，故得此名。"

蜡梅有梅之姿，五出花瓣，但花色不同。梅花基本无黄色，蜡梅却大多纯黄。每逢雨时，晶莹的水珠覆在蜡梅的花瓣上，像穿了一层雨衣，似蜡，故称蜡梅。也有人称蜡梅为"蜜房"，寒蜂飞到这里，都舍不得走了，"蜜房做就花枝色，留得寒蜂宿不归"。但蜡梅最为出彩的，并不是它的颜色，而是它的香气。蜡梅开在最寒冷的腊月，经历小寒到大寒，因此有人也称其为"腊梅"，它的香味是一种幽香，沁人心脾，只要闻过便很难忘记，特别是在冬日百花凋零的时候。犹记得陆游在离开成都二十多年后，还写诗："二十里中香不断，青羊宫到浣花溪。"

成都的蜡梅分布广泛，种类繁多，主要有素心蜡梅（*var. Concolor Mak/Concord Wintersweet*）、磬口蜡梅（cv. Hu-Ti-Wen）、金钟蜡梅、虎蹄蜡梅等。不同品种的蜡梅，有着各自的优势与特点。素心蜡梅的样子比较独特，它有好几层的花瓣，花瓣为长椭圆形，瓣尖端微微向后翻卷，花朵为淡黄色，里面的花心为白色，有非常好闻的香气，也被人们称为荷花梅；磬口蜡梅的花朵有椭圆、倒卵等多种形态，花瓣较圆，开放后看起来很规整，花色为深黄

蜡梅　黄红 / 摄

色，花心的颜色为紫色，香气非常浓郁，因此也被称为檀香梅；金钟蜡梅也是深黄色，但花色不如磬口蜡梅颜色那么浓郁，开花后很像金钟，因此得名；虎蹄蜡梅又叫作十月梅，花朵的造型很像虎蹄，花瓣比较圆，花形较大，开花后直径大约 2.2 厘米，花色为深黄色，花心为紫红色。

　　我们再来看看成都的梅花。从梅花品种类别出现的早晚看，大抵汉代先有江梅、宫粉二类，唐时增加了大红、朱砂二类，至宋而品类多，玉蝶、绿萼、早梅、杏梅、黄香等类皆先后出现。清代有照水梅、台阁梅之产生，近代始见洒金、龙游两类梅花奇品。成都现有梅花品种超过 50 种，是全国最好的绿萼梅品种——金钱绿萼（*Zeleni novac calyx Mei*）和最好的宫粉梅品种——大宫粉（*Prunus mume 'Da Gongfen'*）的发源地。

金钱绿萼梅相比普通梅花，花朵特大，花瓣也较多。它的花期在每年 3 月下旬至 4 月上旬，花径 3.4—3.6cm，花蕾淡米黄色，花态蝶形，近平展，花色正面乳白，反面极浅之黄绿。经过修剪后的金钱绿萼梅，最多一株可开花 450 朵之多。不开花的时候，金钱绿萼梅亮红的叶色和紫红的枝条在其他梅花品种中极为少见，因此可供一年四季观赏。

古代，人们习惯将宫粉梅与朱砂梅统称为红梅，因为不看木质部，单从花色或花形上看，宫粉梅与朱砂梅有些相似。由于这两型梅花品种丰富，花姿、花形可谓千变万化。宫粉梅一般在冬季或早春叶前开放，开花繁密，花色淡红，尤其难得的是能散出较为浓郁的清香，元代诗人王冕的《红梅》便有特别贴切的描述："清香吹散乾坤外，不是寻常桃杏花。"

梅花是中国十大名花之首，与兰、竹、菊并列为"四君子"，与松、竹并称"岁寒三友"。梅开百花之先，独立严寒，在中国传统文化中，寓意高洁、坚强的品格。岁末或者早春，在成都市的杜甫草堂、植物园、望江楼公园、岁寒园等都能观赏到成片梅林，其他公园和小区等也有红梅造景。

赏梅之余，不妨尝试辨别一下梅花的种类，或许能给生活增加一点诗意与雅趣。

（陆离／文）

花
Flower

花香原野

鼠麴草：
童年记忆的乡土美味 ›››

中文名：鼠麴草
学名：*Gnaphalium affine*
拼音：shǔ qū cǎo
科属：菊科　鼠麴草属
物候期：1—4 月开花，8—11 月结果

鼠麴草　付凯 / 图

　　20 世纪 80 年代的川西坝子，随着联产承包制的推行，正值童年的我们在田间地头有了更多玩耍的天地，但缺少粮食仍然是这个时期许多人家面临的问题：大麦、小麦在农历二三月间虽然已经挺拔见穗，但离五黄六月的收割期还有一段时间。

　　向大自然要吃食，就成了我们的"乐趣"之一。除了即将成熟的胡豆、豌豆被提前光顾之外，田里埂上的花花草草也是我们"扫荡"的对象。事实上，田间地头的杂草众多，儿时的我们其实也大

鼠麴草　沈尤／摄

鼠麴草特写　沈尤／摄

多不知其名，只管可吃不可吃，好吃不好吃。

棉花草是我们为数不多既认得又喜欢吃的花草之一。棉花草的正式中文名为鼠麹草，是桔梗目菊科鼠麹草属美苞组一年生草本植物，1—4月开花，8—11月结果。它们生长在田间地里，或稀疏而立，或密匝丛生，开出的花和结出的果都并不惊艳，虽然属菊科，却看不出"菊"的样子，远远看去，倒是确有几分棉花的味道。

每年春天里，棉花草就在田里埂上随意地生长着，有40—50厘米高，挺拔的茎头顶着几丛黄绿色的小花，茎叶上似有一层浅白的灰，本是不大起眼的乡野花草，但是其茎叶却在我记忆深处留下了味道。

棉花草的茎叶有很多种吃法，但我们最常做的是将它的茎叶混合在浸泡过的大米里面，用石磨磨成浆，收水后捏成团，放到锅里蒸，蒸熟后成了绿油油、香喷喷的棉花草馍馍。咬上一口，混合了棉花草的馍馍带有天然的植物清香，嚼起来略显紧实，对于缺少粮食的我们而言是鲜有的美味。

（沈尤／文）

酸咪咪·酢浆草 〉〉〉

红花酢浆草　王进／摄

中文名：酢浆草
学名：*Oxalis* sp.
拼音：cù jiāng cǎo
科属：酢浆草科　酢浆草科属
物候期：花、果期 2—9 月

　　小时候被玩伴投喂过一次"酸酸草"的叶子，惊叹于那么小的叶子吃起来居然那么酸，于是加入了给其他人投喂"酸酸草"、介绍它的味道的行列。小时候见到，都是在路边、围墙外之类寻常又不起眼的地方，有个地缝都能长出来，还能开很秀气的黄色花。细看叶子，三个小"心"聚到一起，煞是可爱。要不是因为吃到了酸味，一般很难去注意到它。

后来知道它叫"酢浆草"之后，还特意去查了下"酢"到底是什么意思。为什么用"酢"而不用现在大家更直观的"醋"字？《说文解字》里对酢的解释是："醶也。酢本戴浆之名。引申之，凡味酸者皆谓之酢。"意思大致是酢本来是指"醋"，后来引申形容具有酸味的事物。那么，从意思上来说用"酢"倒是贴合。也不知道最初取这个名字是什么时候，只翻到明代的《农政全书》里就已经考据过"酢浆草"了。书里还记下了几个有意思的俗名："本草名酢浆草，一名醋母草，一名鸠酸草，俗名小酸茅。"都是围绕"酸"这个特点取的名字，可见酸得深入人心。其中"鸠酸草"，虽不知道到底和鸠有什么关系，但发音还蛮像我们方言里常形容特别酸的语法发音。

酢浆灰蝶和金鸡菊　李黎 / 摄

之后有一回在川大草地上拍东西，有几只迷你的灰蝶飞来飞去。蝴蝶颜色挺朴素，偶尔看到几只雄性的蝴蝶，正面有一些金属的蓝色，才让我对它有所留意。指着问一旁的黄师傅，答是"酢浆灰蝶"［*Pseudozizeria maha*（Kolar）］。我当时只想着酢是酸的意思，下意识闪过若干疑问：这蝴蝶还是酸的呀？这命名人是怎么个机缘尝了这么小的蝴蝶，知道人家酸呀？还是说吃了人家幼虫啊？这命名人难道是贝爷一类的野外生存爱好者吗？虽然乱想了很多，好在还是选择问一下："为啥叫这个名字啊？"黄师傅解释说因为酢浆草是酢浆灰蝶取食的对象。然后我看到酢浆灰蝶去盛开的金鸡菊花上取食，就一脸问号；又见到一对酢浆灰蝶在别的植物叶子上交配，就更加纳闷。原来，黄师傅说的是酢浆灰蝶成虫交配完成后，雌性会将卵产在酢浆草的叶片上。等到卵成功进入幼虫形态，便可以就地取食寄生的叶片，相当于把娃生在粮仓里。后来看资料，知道酢浆灰蝶对"粮仓"的选择十分专一，只喜欢酢浆草，草坪常用的红花酢浆草（*Oxalis corymbosa DC.*）都不合口味。也因为这种专一的食性，使得酢浆灰蝶对环境变化有较强的指示性作用，成为我国重要的生态指示蝶种之一。真庆幸当时是问出口了，免得我为难去想如何去验证这酢浆灰蝶酸不酸了。

原来不止人类幼儿喜欢吃这种酸酸的口味。不过我们吃酢浆草，至多是揪下一点叶片，嚼过就吐了，浅尝辄止，图个好玩。按《农政全书》的记载，酢浆草古时还有更实际的作用——"南人用苗揩鍮石器，令如银色。光艳味酸，性寒无毒。救饥，采嫩苗叶生食"，说的是利用茎叶中含有的草酸，擦拭黄铜制品，使之光亮。我们现在就有工业化的草酸清洗剂，也可做金属表面、瓷砖之类清洁的用途，是同样的原理。酢浆草还有一个作用是作为救荒草本。

红花酢浆草 沈尤 / 摄

酢浆草 沈尤 / 摄

山酢浆 沈尤 / 摄

不过，吃酸的不是越吃越有胃口、越饿吗？况且，畜牧业中有过牛羊吃太多导致中毒的事件——怪不得说的是采食嫩苗叶。这么一看，若不是没得吃，还是尽量去吃点别的，若是非要吃不可，那就吃嫩点儿的。

这些年，我还见过有人把逃逸到田间、野地的红花酢浆草带着地下鳞茎拔出来，做"野菜"吃的，指着肉嘟嘟的鳞茎说是"水晶萝卜"，并热情地介绍如何用水焯、如何凉拌。我只能默默地感慨我国果然是几千年的农业大国，对有害于农作物产量的入侵物种有天然的"消灭"直觉，还能开发、利用得如此彻底。

不同于在国内本来就是"原住民"的酢浆草，红花酢浆草原产自美洲热带地区，后引进国内作为园艺植物得到大量使用。我们常能在草坪里见到大量的红花酢浆草。相对于酢浆草，红花酢浆草

酢浆草果 沈尤/摄

叶片虽然还是由三个心形的小叶组成，但要大许多，花则是紫红色的。有一阵盛行去草坪寻找"四叶草"，就常有人因为类似的心形小叶，对着一草坪的红花酢浆草就找起来。导致旁边的白花车轴草只能无声呐喊："我才是！三叶草是我！四叶草是我！从三到十八叶草都是我！幸运草是我！"而红花酢浆草能够从园艺环境逸生到田间地头，也得益于它可以依靠鳞茎进行无性繁殖。当专业人士还在研究如何管理逸生的红花酢浆草的时候，我们朴素的智慧已经直捣黄龙，把鳞茎当萝卜啃了起来。

　　这些年，被引入国内作为园艺植物的酢浆草属的品种越来越丰富。每逢成都难得有太阳的时候，朋友圈常有人去阳台晒酢浆草们，都是以盆做基本单位的样子，颜色各异，煞是可爱。酢浆草属的植物的花多数有这样的特征：阳光充足时方才开放，阴雨天，则花瓣合拢、下垂。因此养酢浆草属的园艺品种的朋友，格外珍惜有大太阳的天气，只有这种天气才能将自己的劳动成果晒上一晒。

成都偏就是"蜀犬吠日"。有一年 4 月中旬，我同火姐去爬西岭，漫山的山酢浆草（*Oxalis griffithii*）俯于林下，正是盛花期。奈何那天春雨淅淅沥沥，所见的山酢浆草全都作含羞状，只让我看一点粉红的娇颜，每朵花上还坠着许多雨珠儿，灵气得很。即便我趴得都快融入土地了，仍是无法窥见全容。我遗憾于难得见到野生的、花相对大的、颜值还挺高的酢浆草属种类，以至于后来有一回再在干热河谷的针叶林下看到一朵全然开放的山酢浆草的花时，惊喜得无以复加。这可能就是"求"的过程带来的附加的喜悦吧。

（李黎／文）

阿拉伯婆婆纳：穿着蓝色条纹舞裙的救荒者 〉〉〉

付凯 / 图

中文名：阿拉伯婆婆纳
学名：*Veronica persica*
拼音：ā lā bó pó pó nà
科属：车前科　婆婆纳属
物候期：花期 3—5 月

　　在成都广袤的原野上，无论田间地头、房前屋后，还是城市花园里，总能见到成团成片匍匐散漫的小青草。早春二月，这片绿毯上便会如点点繁星般地铺满幽蓝色的小花。这便是阿拉伯婆婆纳了。

　　初识阿拉伯婆婆纳，是在赏花途中。2017 年春天，追逐着春天的脚步，穿行在成都的油菜花田和樱桃花海，陶醉于大地上明亮的黄、淡雅的粉，偶尔低头，却被路边一大片铺洒开来的蓝色小花吸引。

　　阿拉伯婆婆纳的花实在太小，须得蹲下来，凑近了，仔细观察才得以欣赏它的美。长长的花梗顶着四片天蓝色花瓣，花瓣靠近花蕊处有一小片白色，花瓣上是别致的蓝色条纹。两个微微弯曲的雄蕊，头顶上的花粉好似戴着一顶毛茸茸的帽子，像极了一对穿着蓝色条纹舞裙的芭蕾精灵在草丛里翩翩起舞；有的雄蕊轻轻地靠向雌蕊，又似一对恋人依偎着在说悄悄话……

　　别看它花小，植株的生命力却极强，亦是药食同源的植物。明太祖朱元璋的第五个儿子朱橚编写的《救荒本草》，专门介绍了用

阿拉伯婆婆纳　李黎/摄

阿拉伯婆婆纳　黄云 / 摄

于救荒的 400 多种野菜，其中就有婆婆纳。书中这样记载："婆婆纳，生田野中，苗塌地生，叶最小如小面花𪏋儿，状类初生菊花芽。叶又团，边微花如云头样，味甜救饥。采苗叶煠熟，水浸淘净，油盐调食。"阅读着书中简练的文字，看着栩栩如生的图画，这简直就是一本古代版的自然笔记呀。如果我们多读些这样的书，了解更多的植物知识，是不是也能像荒野求生大师贝尔一样了呢？

　　对了，阿拉伯婆婆纳的花语是健康，在全球疫情肆虐的当下，没有什么比健康更值得拥有了。

（黄云 / 文）

野性二月兰 >>>

诸葛菜 李黎 / 摄

中文名：诸葛菜(二月兰)
学名：*Orychophragmus violaceus*
拼音：zhū gě cài（èr yuè lán）
科属：十字花科　诸葛菜属
物候期：花期3—5月，果期5—6月

　　有时候会突然间很想见某种
植物。

　　这种情绪虽不常有，但却比
突然想见什么人来得频繁和自然。
去年听过阿来的"成都物候"讲
座之后，心中繁花似锦，但独独
对这平凡的二月兰难以忘怀。其
实，讲座里对此说得并不多，亦

没有什么曲折和珍贵的情绪抛洒在这植株之上，可我偏就是记下了，念着盼着要去植物园见见，一等就是几个季节。

　　偏是这时隐时现的等待情绪，最能酝酿和维系一些不浓不淡的期待。若必定要说二月兰有什么特别，便是有别于那些常见的园艺种类，留了"野性"：一种野生花卉，一种独立的生命形态——我喜欢的纯粹的状态。

　　我问朋友："不知道二月兰开了没有，开得好不好？"朋友回答："嗯，开应该没问题，就不知被拔完了没。"话虽带调侃，但亦

白花诸葛菜　李黎 / 摄

紫花诸葛菜　李黎 / 摄

是源于对二月兰处境的了解。据说二月兰原先在成都很是常见，每到农历二月便能把林间地头铺陈得蓝绿相间，在春光里葳蕤生姿。虽然阿拉伯婆婆纳也是如此色调并匍匐地面，但是形成的色块不免小了些，没这般夺人眼球的架势；而这般景象如今已经十分难得了，城市里已经很难有空间给它们成片生长，连片的二月兰成了一代人的记忆。而正如阿来在讲座中提及，如今他也仅是在植物园里发现了一片野生二月兰，于是这蓝紫色，就显得新奇和难得了。

　　在植物园里，还不时能在苗木之间寻见若干野生植株。据在此工作的小鱼说，园里还保留有成片的自播植株（自然繁殖，非人工干预）。但我们没走到那处，眼前所见的成片区域，是园区工作人员搜集野生植株的种子集中播种的，心中不免唏嘘。

小鱼进一步解释道，他们会特意去搜集花丛里异化的种子，如一些白化的和紫色更深的，以便将此品种园艺化，因为园艺总是越多姿多彩越好。这是大众审美标准作用的结果吗？我默默在想：难道本地物种的保护，生物多样性的维护，一定要迎合经济、市场，才有前景吗？

也许"为我所用"是人的天性吧。在给朋友解释二月兰并不是兰，而是十字花科的时候，顺道提起十字花科的亲戚们，有好多都是田间地头常见的蔬菜：白菜、萝卜、油菜、柳叶菜、甘蓝……便听得有人问："那二月兰可以吃吗？"我一时愕然，因为事先并没有想过这个问题，心下虽觉得能吃的可能性很大，却不敢随意作答。回来一查，原来二月兰也叫"诸葛菜"，还有一个诸葛亮北伐时用来救急救荒的故事，但从三国至今，不管是人工种植的蔬菜，还是野菜，十字花科"兄弟姐妹"的踪迹早遍布大江南北，而它仍然是种野菜，没有大规模挺进人们的餐桌。大约是用来救急救荒的菜并不是太美味？又或许，是这一科可食用的品种已然太多了？

就像纵容自己生一些不深究理由的想法和情绪一般，我始终觉得，若有越来越多的空间给这些"任性"的生物，让它们不以那么多"为人"的理由独立地生活着，就好了。

（李黎 / 文）

四川人爱鱼腥草 ›››

开花的鱼腥草　黄云／摄

中文名：蕺菜（鱼腥草）
学名：*Houttuynia cordata*
拼音：jí cài（yú xīng cǎo）
科属：三白草科　蕺菜属
物候期花期 4—8 月，果期 6—10 月

四川人深爱鱼腥草，以凉拌而食者为多，很普遍。所爱者是它的鱼腥味，因为只有凉拌才能完整保持鱼腥草的原味。贵州人也酷爱吃鱼腥草，但他们的凉拌似与四川不同，要先在开水中焯一下，佐料倒是相差无几。这样的做法我却不喜，因为那一"焯"，鱼腥气不知

要损失多少！鱼腥草的香浓滋味是要大打折扣了。

"鱼腥草"也许不是四川人所熟悉的名字，但说则耳根或折耳根，人们就熟悉了。它还有一个好笑的名字——"猪屁股"，四川不少地方都这样称呼鱼腥草，有人还饶有兴趣地考证说，鱼腥草的叶子像猪屁股，故有此称谓。这当是一种误传。鱼腥草的叶子卵圆形，顶部尖，又似心形，不像猪屁股。四川人原本称鱼腥草为"猪鼻拱"或"猪鼻孔"，谐音的缘故，变成了"猪屁股"。但为什么叫"猪鼻拱"呢？在《本草纲目》中，李时珍引用前人的话说："鱼腥草即紫蕺，叶似荇，其状三角，一边红，一边青，可以养猪。"是不是猪也爱吃这玩意儿，常常跑到草丛中去寻觅，拱来拱去，鱼腥草便有了"猪鼻拱"这个名字呢？这是我的猜测。鱼腥草还被叫作"臭猪巢"，是猪喜欢在其中翻滚之意吧？大概可以佐证我的推断，正确与否，无从确认。反正在四川，鱼腥草与猪扯得上关系。

唐代医药家苏颂说鱼腥草："生湿地，山谷阴处亦能蔓生，叶如荞麦而肥，茎紫赤色，江左人好生食，关中人谓之菹菜，叶有腥气，故俗称：鱼腥草。"菹菜源于"蕺菜"之谓。《本草纲目》称："秦人谓之菹子。菹、蕺音相近也。"而"蕺菜"并不是关中人的发明，这涉及一个传说。春秋末期，越国君王勾践在被吴王夫差奴役三年后，放回越国。勾践发誓报仇，遂有卧薪尝胆之举。在返回越国的第一年，越国就闹了饥荒。勾践在一座小山上发现很多的鱼腥草，吃之可以活命，便号召越人进食鱼腥草，得以度过了荒年。这鱼腥草便被称作"饥菜"，后认为"饥"字不雅，改用同音字"蕺"。而那座小山，被命名为蕺山。

《旧经》上说："越王嗜蕺，采于此山。"勾践吃鱼腥草成了一种嗜好。或许早在遭遇饥荒之前，勾践就悄悄接触了鱼腥草——他为吴王尝粪便，满嘴臭气，无奈之下，狂嚼鱼腥草"以毒攻毒"，

成片生长的鱼腥草　倪伟 / 摄

惊世骇俗的表演也才得以完成。

　　现代药理学研究证明，鱼腥草有很好的抗菌作用。其有效成分鱼腥草素对卡他球菌、流感杆菌、肺炎球菌、金黄色葡萄球菌有明显抑制作用，因此鱼腥草又被称作"天然抗生素"。勾践误打误撞，嚼食鱼腥草不但除臭，而且避免肠胃受感染生病，一举两得。

　　两千多年间，对鱼腥草体会深刻、爱之如命者，或许当推勾践。而越国人也应该是深爱鱼腥草的吧？毕竟"江左人好生食"呢。但是，绍兴人好像对鱼腥草并不感冒。那著名的蕺山上，也不见有很多的蕺菜。20 世纪 60 年代初闹饥荒时，绍兴人的野菜谱里也没有鱼腥草的大名。大散文家绍兴人周作人的名作《故乡的野菜》里，写到了荠菜、清明菜和草紫，后又专文写到了野苋菜，却独不见他写鱼腥草。这相当让人困惑。于是有绍兴人呼吁，在蕺山

种植鱼腥草，将鱼腥草"作为新菜肴开发"。

　　想来绍兴人都是知道勾践的，当然也该知道蕺山与蕺菜。但他们不吃鱼腥草，说鱼腥草煮过之后，"软塌塌的，口感不好"。那位大声呼吁的绍兴人就很羡慕四川人将鱼腥草搞成了"一道名菜"。其实，鱼腥草要好吃，唐朝人都知道诀窍，就是苏颂的那句"江左人好生食"的"生"。除了将食疗放在首位，与其他东西搭配而食，凡鱼腥草唱主角的菜肴，还是生食为妙。灾荒年，有人发明了一个"野菜八大碗"，其中有鱼腥草一道，名"醋泡蕺菜"。这是相当了解鱼腥草特性之人才想得出来的招数。要知道，鱼腥草的特有气味，是其含有的挥发油在起作用。这挥发油主要是鱼腥草素、月桂醛等物质，它们也是鱼腥草作为"抗生素"的主要组成物质。倘若将鱼腥草水煮或炒食，则挥发油尽失，其特有的味道没有了不说，

鱼腥草　黄云／摄

"抗生素"的作用也消失了。因此，四川人以凉拌为大宗，是无比正确的选择。

成都人凉拌鱼腥草还会加入生莴笋丝或煮熟了的胡豆，可能是因为成都人特爱鱼腥草，以至于这鱼腥草的价格越来越高——眼下鱼腥草的价格竟高过了肉价！加点便宜的莴笋丝进去，蓬蓬松松一大盘，成本就下来了。估计这加莴笋丝的办法是饭馆厨师想出来的。还好，清脆的莴笋丝沾染了鱼腥草的气味，更为爽口，这道鱼腥草拌莴笋也就大受欢迎了。拌胡豆是出于什么考虑，我想不明白，不过也好吃。

鱼腥草用于食疗的简单方法是泡水当茶喝。稍讲究些，也可将鱼腥草炒至干酥，每次取少量开水泡饮。这样的茶汤呈透明的黄色，草香与炒香混合，醇美可口，回味悠长。鱼腥草茶具有清热解毒、消痈排脓、利水通淋的作用，是夏季的好饮料。

由于爱鱼腥草，四川是最早人工种植鱼腥草的地区。不过，人工种植的鱼腥草虽然根系肥大，但含淀粉较多，纤维素少，也不及野生的香。鱼腥草喜生湿地，成都河流岸边、田间地头，都有野生鱼腥草的踪影，爱吃鱼腥草的成都人也往往循迹而来，采摘回家的不光是更浓郁的芬芳，还是一份亲近自然的野趣。

鱼腥草的植株　倪伟 / 摄

（卢泽明 / 文）

从国槐到洋槐 〉〉〉

槐花 沈尤 / 摄

中文名：刺槐（槐花）
学名：*Robinia pseudoacacia*
拼音：cì huái（huái huā）
科属：豆科 刺槐属
物候期：花期4—6月，果期8—9月

4月初，成都的水井坊双槐树街、成龙路、沙河公园一带，一串串洁白的槐花挂满枝头，蜂闹蝶舞，花香四溢，仿佛整座城市都沉醉在一片香甜的美梦里。

在成都主城区，以槐树命名街道的就有六条：槐树街、双槐树街、新华大道三槐树路、干槐树街、槐树店路和国槐街。这些路都与槐树有关。双槐树街街北口一大户人家门前曾有两株大槐树。三槐树路曾住着王氏大户人家，栽着三棵大槐树。干槐树街 3 号院原来长着一棵枯老的古槐树。槐树店，顾名思义当有一个因槐树而成的小店（商店、饭店或客栈），现在路口有成都地铁 4 号线和 7 号线的换乘站——槐树店站。槐树街位于少城，有槐树多株，清时名槐荫胡同，1910 年 7 月 31 日，英国人威尔逊拍下了槐树街一户人家旁边的一株大槐树，为成都的古槐树留下了最早的影像。

中国传统认知中的槐，其实是国槐。国槐树形高大，秀美挺拔，冠盖如云，可供遮阴纳凉，是国人很喜欢的一种本土树种，7—8 月的夏秋之交开花，花粒较小，花呈淡黄色或黄白色，香味清香素雅。成都平原上的槐树，常常与林盘的竹子、人家一起，成为"美田弥望""流水修竹"中耀眼的风景树。"行宫门外陌铜驼，两畔分栽此最多。欲到清秋近时节，争开金蕊向关河。"（罗邺《槐花》）"长安十二槐花陌，曾负秋风多少秋。"（韦庄《惊秋》）这些诗句，说的都是国槐。

很多人不知道成语"三槐九棘"出自《周礼》："朝士掌建邦外朝之法。左九棘，孤卿大夫位焉，群士在其后；右九棘，公侯伯子男位焉，群吏在其后；面三槐，三公位焉，州长众庶在其后。"意思是周朝定都后，在朝殿前种植了三槐、九棘，公卿大夫分坐其下，以定三公九卿之位。汉代的郑玄注释说："槐之言怀也，怀来人于此，欲与之谋。"这是中国历史上最早种植槐树的记录。因为这个典故，后来的肃穆之禁地多种植槐树，内固根本，外利百姓，面对槐树的"三公"则被周人视作治理国家、辅佐朝廷的国之栋梁象征。

《说文解字》释义"槐"为"木也，从木，鬼声"，"鬼"其实是说槐树是一种充满灵性的树。"青槐夹道多尘埃，龙楼凤阙望崔嵬"，槐树不但进入魏晋无名氏的《行者歌》，也成为后来诗词的重要意象，而且还逐渐和功名、好运联系在一起。不仅城里大户人家院子里种植槐树福孙荫子，就连乡下的村口，也多种植着大槐树。大槐树还常常成为一个村子的标志，是一村村民聚会的神圣之地，山西洪洞大槐树甚至成为遍布全国的洪洞移民身份认同。

　　古人善于将国槐做成各式美食。槐树叶在魏晋时期就开始进入

人们的餐桌。明徐光启《农政全书》载："晋人多食槐叶，又槐叶枯落者，亦拾取和米煮饭食之。"从唐开始，还有一种叫"槐叶冷淘"的吃法。所谓冷淘，就是凉面，槐叶冷淘，就是和槐树叶一起做的凉面。眉山苏氏兄弟都是"槐叶冷淘"的粉丝，二人分别作诗称赞其美味："青浮卵碗槐芽饼，红点冰盘藿叶鱼。"（苏轼《二月十九日携白酒鲈鱼过詹使君食槐叶冷淘》）"冷淘槐叶冰上齿，汤饼羊羹火入腹。"（苏辙《逊往泉城获麦》）或许"槐叶冷淘"也代表着唐宋时川人的一种美食爱好。

槐茶在五月开放　沈尤 / 摄

然而，成都几条以槐树命名的街道上，国槐树都已经消失殆尽，唯留四川师范大学狮子山附近的国槐街，还是相对于后来所植的洋槐树而言的。

现在的成都街头，常见的都是洋槐。

过了一个冬天的洋槐，一般4—5月开花，成串连缀，花为白色，也有变种的红色。香味扑鼻，常常走出地铁口，忽然就有一阵阵花香袭来。一抬头，只见一串串花苞像振翅欲飞的小鸟儿，挤满了一株洋槐树的枝头。洋槐的花梗是嫩绿色，和新生叶子几乎是同样的颜色。一根花梗上，二三十朵洋槐花形成总状花序，浅褐红色的花萼斜钟状，一个个蝶形花冠吊在细软的花序轴上，一串串如挂璎珞。

捡起一朵被风刮落的槐花来仔细观察，其蝶形花冠的旗瓣基部带黄色晕斑，翼瓣有两枚，轻盈展开，龙骨瓣同样是两枚，上部相合，紧紧包裹着雌蕊和雄蕊。洋槐花的雄蕊是典型的二体雄蕊，一朵花中具有10枚雄蕊，9枚花丝连合，1枚花丝单生；雌蕊一枚，细长的子房有点像豆荚，和花柱呈90°弯曲。

成都的洋槐花在4月是开得最为繁盛的，一直要持续到5月。起花骨朵的时候，偶尔还能看见街角有人从乡郊采了一大捧槐花来卖，品尝过洋槐花美味的人们，自然会趋之若鹜。花落之后，洋槐便开始孕育扁宽的荚果，盛夏的树叶，也变得郁郁葱葱。洋槐的荚果成熟期是8—9月，随着荚果成熟，叶子就逐渐变成金黄，夕阳余晖里，远远看去，沐浴着无尽的诗意。一阵风来，落叶满地。偶尔你会发现，高高的树顶，竟然藏着一个鸟巢。在冬天来临、树叶掉光之前，春天孵出的鸟儿或许已经从这株槐树上长大，飞走了。

自洋槐在中国的大地上绵延生根后，人们开始采集白色的"花骨朵"来做槐花饼、凉拌槐花、槐花炒鸡蛋、槐花包饺子，吃的槐花蜜一般也来源于洋槐花。不过需要指出的是，变种的红槐花有一定的毒性，而且作为城市里行道树、风景树的洋槐花，都是不能采摘和食用的。

"高高山上一树槐，手把栏杆望郎来。娘问女儿啊，你望啥子？我望槐花几时开。""槐树槐，槐树槐，槐树底下搭戏台，人家的姑娘都来了，我的姑娘没有来。"在儿时祖母的歌谣里，成都的槐花一次又一次开了，在陈家巷子，在田家炳中学大门旁，在沙河公园……

（林元亨/文）

地果 ›››

地果　刘乾坤 / 摄

中文名：地果
学名：*Ficus tikoua*
拼音：dì guǒ
科属：桑科　榕属
物候期：花期 5—6 月，果期 7 月

　　想起儿时在田野里度过的夏天，总是会想到各种在炎热和潮湿里撒欢的经历，玩泥巴、逮螳螂、雨后用筬筬捞泥鳅、赤脚下田逮鱼、一大早冒着露水找鸡枞……当然，还有上山刨地果，这是一个带着清甜果味的记忆。

　　在四川，地果是一种常见的藤

本植物，它们常常匍匐在地面或者石壁上，占据着大片的野地。果子一般成对或成簇地长在匍匐茎上，常埋在土里，形状是直径1—2厘米的球形，表面满布着圆点。从植物分类上看，地果属于桑科榕属无花果组，说起来跟无花果算是亲戚，味道类似，体型却小了不少。

地果并不是我儿时所熟知的名字，在四川话里，它一般被叫作"地瓜儿"。印象里小时候还有一种叫作"地瓜"（没有儿化音，以示区别）的植物，这就是豆科的凉薯，也是藤本植物，长着豆科植物典型的豆荚，地下膨大的白色块根甘甜可口，水分充足，皮一撕就开，同样深得我的喜爱。相对来说，体型小巧的地果更像是零食。长大之后接触到北方的同学，才渐渐知道除了这两者，还有一种我熟识的农作物也叫"地瓜"，那就是在四川话里被叫作红苕的红薯。

地果藏身土里，体型又小，因此采摘时一般会用一种固定的方法：刨地瓜儿，即用木棍、镰刀或者徒手，轻轻拨开附近的泥土找到果子。不同成熟程度的果子有着不同的颜色：绿色或浅红，那一定还是生的，表皮很脆，一捏就裂，流出白色的浆液尝起来发涩；成熟的果子会变成暗红色，表皮柔软，容易剥开，里面满是熟透淌汁的果肉。

严格来说，地果的"果子"不是果实而是它的花托，我们平时食用的是花托，这和草莓类似。和无花果一样，我们也看不到地果开花的过程。同属隐头花序，地果的花也是包藏在果子内部，有小孔留给特定的榕小蜂进来产卵繁殖，顺便完成传粉。地果熟透后，不少榕小蜂却留在果子里被我们一齐吃进肚子，这不只是水果，还是道"荤菜"……

记忆里的地果总是让我想到这样的场景：太阳西下，正在墙脚玩的我，终于看到妈妈背着背篓越来越近的身影。她放下背篓，拨开猪草，将一个大片的桑叶里包着的大大小小几十颗暗红色的地果，笑盈盈地递给我。果子还带着太阳的温度，清水洗净，放进嘴里，脆生生的口感过后是沁人的清甜。

　　地果的味道，是夏天的味道，也是挥散不去的家乡的味道。

（邹滔 / 文）

木贼 〉〉〉

木贼　沈尤 / 摄

中文名：木贼
学名：*Equisetum hyemale*
拼音：mù zéi
科属：木贼科　木贼属
物候期：3 月初萌芽，11 月
霜冻后枯萎

　　木贼是一种田间地头到处都能
看到的植物。

　　在植物分类学上，木贼属于蕨
类植物，喜湿，常生长在水边，进
化历史非常古老。外形上格外独
特，无枝、无叶、筒状中空、一节
一节组合而成，与常见的其他植物
有着明显的区别。

木贼属的茎是一一节组合生长的

朱鑫 / 摄

木贼属一般生长在潮湿的环境里　朱鑫/摄

　　"木贼"这个名字有点奇怪，记忆里，它常常被我们叫作节节草、夹眉草。"节节草"很好理解，木贼正是从上到下分为多节，每节一头大一头小，一节一节组合而成，如同精致的积木，即使人为掰开依然可以原样组装回去。

　　"夹眉草"则是源于一种有趣的玩法。小时候我们常把木贼掰开，拿出两节放在伙伴面前，把眉毛夹在其中重新组装，木贼便稳稳地固定在眉间。另一侧眉毛同样操作，便得到两道别致的绿色粗壮"眉毛"，伙伴可以变换表情做出各种夸张的脸谱，令人捧腹。

（邹滔 / 文 ）

稀奇的大百合 ›››

大百合 王进 / 摄

中文名：大百合
学名：*Cardiocrinum giganteum*
拼音：dà bǎi hé
属科：百合科 大百合属
物候期：花期6—7月，果期9—10月

暮春时节，行走于川西平原西缘山地，偶或有一阵飘忽不定的馨香，会调动起你嗅觉中兰蕙的记忆。每当这个时候，一种名叫大百合的植物，或许就在近旁。

我们通常所见的百合与山丹，株型大小、叶片与花序形态、花部构造及色彩乃至香型，可谓千变万化，但却不大符合大百合的形态及气味特征。因此，专家们将百合与大百合分列为百合科中的两个不同的近缘属，以示区别。

全球百合属约有 120 种，中国有 46 种、18 个变种，而大百合属为东亚特有的少种属植物，仅有 3 种、1 变种。其中，大百合（原变种）广泛分布于我国秦岭以南的西南、华中及华南海拔 600—2300 米的山地，而其变种云南大百合的分布区则稍窄，见于海拔 145—1800 米的区域。作为林下生长的大型宿根性草本，大百合通常呈零星或斑块状分布于山地季风湿性常绿阔叶林、常绿与落叶阔叶混交林和亚高山针阔混交林区域，成都地区的彭州至蒲江沿山一线有上述大百合 1 种、1 变种分布。

在形态特征上，大百合与其变种云南大百合有诸多共同特征。云南大百合花葶高度可达 2 米，茎秆坚挺，粗可达 3—4 厘米，下部叶片宽大、卵状心形，为总状花序，有花 10—20 朵，花白色或乳白色而内侧有紫红、深紫红色条纹。大百合的株高、茎粗与花朵数量上稍低于云南大百合，但二者在园林绿化中常均以大百合相称。

大百合鳞茎巨大，鲜重通常达 300—500 克，民间常作为食用淀粉来源，并有清热止咳、宽胸利气之功效，可用于治疗肺痨咯血、咳嗽痰喘、小儿高烧、胃痛及反胃呕吐等症。但作为具有较大潜在利用价值的观赏植物资源，目前尚无批量化的商品种苗的生产和供应。2000 年前后，华西亚高山植物园曾利用都江堰市虹口乡境内的大百合资源，对其种球商品化生产利用开展了探索。

目前，华西亚高山植物园已在龙池建立了一个小规模的实验样板，并通过与科学院北京植物园和沈阳树木园的合作，初步获得了在我国北方地区异地观赏利用的成功经验，并曾在成都人民公园和蒲江石象湖景区开展过小规模种植实验。但迄今为止，我国大百合

大百合植株　王进/摄

的潜在利用价值尚未得到很好发掘。成都具有得天独厚的自然与社会经济条件，并在大百合的栽培利用上已有所进展，理应争取走在全国前列。

谨希望，别辜负了大百合独特的美丽和馨香，一起珍惜大自然这份难得的馈赠。

（庄平／文）

Flower

花藏深山

报春信使 〉〉〉

宝兴报春 王进 / 摄

中文名：报春花
学名：*Primula* sp.
拼音：bào chūn huā
科属：报春花科 报春花属
物候期：花期2—5月，果期
3—6月

　　报春的事物，常被提到的是冬
日的梅花和初春的新柳。是悬崖百
丈冰后依然花枝俏；是"去年新柳
报春回"。成都冬天气候相对温暖，
虽然梅花种了不少，但却很难见到
白雪映红梅之类的景象。树木也大
多是常绿树种，柳树之类的新绿便
显不出来。城里隆冬花树不歇，次

第又有玉兰、紫叶李等接替，不觉就转移到了春天，以至少了些从凛冽萧条到生机盎然的感觉，于是梅和柳的信使感显得有些不足。而要寻找贴合本地"报春"节奏的植物，可以试着去郊野看看，报春花科的草花们，便是不错的选择，能让人看到更加缓慢和明晰的春来的节奏。

3 月初，我去花水湾镇爬千佛山。山脚下只见到若干堇菜属的小花在开放。往山上爬，能找到一些绽放的青城报春。青城报春喜欢林下相对湿润的坡地。称之为"青城报春"，是因为当初这个物种被发现、描述并建立成新的物种所依据的模式标本种就采集自青

青城报春　李黎 / 摄
峨眉苣叶报春　李黎 / 摄

城山天师洞。之前的记录认为这个四川特有种分布狭窄，只都江堰有分布，而按照我们现在的观察，至少大邑也有，甚至随着更多的观察，会逐渐拓宽这个物种的分布地图。青城报春的花相对素净，或粉红，或白。叶子是简单干净的样子，加上花开得早，很容易辨认。山体一侧潮湿、黝黑的崖壁里掩藏着几株报春花，不见花开，只看见长长的几片老叶紧贴着石壁。叶子看着皱巴巴的，像是长了些"小鼓包"，该是卵叶报春了。再往上走，有人在石壁上凿了一些凹陷处，放了很多或就地雕刻，或搬移至此的佛像。这边的石壁泛着砖红，在诸多佛像前，如同有人特意礼佛一般，藏报春一丛一丛地盛开着。藏报春的花算是颜值较高的：花多、花大，花色从白到粉各有不同，株型在报春中称得上粗壮，长了很多柔毛，看起来毛茸茸的，叶大，叶缘有比较深的叶裂，若是看不到开花，也能通过看叶子分辨出大概。

藏报春较高的颜值，也是它很早便被园艺化的原因之一。藏报春属于我国的传统花卉，据记载，在明清之前就广泛种植。1820年前后，藏报春被英国传教士引入英国，第二年成功开花，引起了极大的轰动。此后，欧美不断有人入境采集报春花属植物的标本、种子和种苗。发展到现在，报春花属的植物有了"世界三大园艺植物"之一的称号。以成都来看，有些墙内开花墙外香，本地的城市园艺并不多见，相对常用的是将欧报春、鄂报春一类用作填补冬末春初的地被、花坛等区域的材料。鄂报春在人工干预的条件下，花期很长，因而也被称为四季报春。野生的鄂报春也能成为成都的"报春信使"，我曾在 3 月初成都的低海拔山区见过。彼时，山中还是春寒料峭，有一些早樱、山矾开了，鄂报春藏在林下，默默地绽放着。叶较大，抽出的花葶较青城报春要长得多，显得挺拔，花色

藏报春 李黎/摄

宝兴报春 李黎 / 摄

紫红——很均匀的紫红。

　　报春开花早，不仅仅是体现在纬度上。同一种报春花，还能在不同的垂直海拔体现这种"信使"的功能。爬山的时候，常是你在低处看见它谢了，往高处走走，很大机会能看到开花，譬如宝兴报春。报春花属的植物分布的海拔跨度也挺大，就我爬山的观察，西岭从 800 米到 3500 米左右的海拔跨度，分布有十余种报春花属的植物。景区内也有引种粉被灯台报春作为园艺花卉。最初引种的时候，正好被我和朋友撞见，感慨非常像种了一地的小白菜。想起朋友说早春时旁的物种还没返青，宝兴报春已经开花了，看见有雉类取食，大概它们也觉得像"菜"吧。

卵叶报春　李黎 / 摄

报春花的花其实有一个很特别的点。曾记得我一个朋友，为了一探究竟，在公园摆设的报春花景观面前蹲了好久，一直扒拉。我懒得为他向旁人解释不是在偷花，就干脆一块蹲着找。我们找的是传说中的"两型花"，这是一种适应昆虫传粉，实现异花授粉的"智慧结构"。而研究显示报春花属中约92%的种类都具有异型花柱。所谓的"两型花"，是指在同一种中，部分植株具长花柱花，花柱长达花冠筒口，雄蕊则着生于花冠筒的中部或近基部；另一部分植株具短花柱花，花柱长仅到花冠筒的中部，而雄蕊则近花冠筒口着生。根据观察推测，这样的结构是为了使传粉的昆虫沾染花粉的位置尽量避开同一雌蕊花柱，实现异花授粉。而报春花属的大部分植物也是严格的自交不亲和，这便有利于遗传重组。

川北脆蒴报春　李黎／摄

等到平原、丘陵地区的报春花谢了，高山地区和高原地区的报春花就会接力开放。这些地方，报春的"信使"功能显得更加明显。在相对严酷的环境里，如流石滩、草甸，报春花成片开放，看到这样的景象，想必都能联想到生机盎然的春天。尤其高原地区的报春花，到了草地返青的季节，花海里遍是各种报春花的身影。能在成都以及

四川境内看到种类繁多的报春，则是因为成都周边是报春花属现在的分布中心和多样化中心之一，是天然的花园，可供我们去原生环境访问。

（李黎／文）

灯台报春的
雪山新家园 ›››

粉被灯台报春　李黎 / 摄

中文名：粉被灯台报春
学名：*Primula pulverulenta*
拼音：fěn bèi dēng tái bào chūn
科属：报春花科　报春花属
物候期：花期 5—6 月

每到春末夏初，去成都大邑县西岭雪山旅游的人们会发现，在当地滑雪场附近及入山口的野花丛中，有一红一黄的两种灯台报春格外醒目。

我对此甚感欣慰，因为它们与我颇有渊源。

其实在整个成都市范围内，并

没有天然灯台报春的分布，只因我国首席报春花科植物分类学家胡启明先生的到来，成都才有了灯台报春的引种记录。1987年春天，我随胡先生一行，对峨眉山的报春花资源进行了一次野外考察。我们在抵达峨眉山金顶后，一路下行，经接引殿、雷洞坪、洗象池、九老洞至清音阁，对峨眉山的报春花有了一个初步的印象，但也未见任何一种灯台报春的身影。

1995年，我调到中国科学院华西亚高山植物园工作，初上都江堰的龙池基地，见有一种花色紫红、呈轮生状花序的报春，方才首次结识了灯台报春，并且知悉它们正是那年胡先生来四川期间，带领华西亚高山植物园的职工赴川西南地区考察的斩获。但由于我专注于杜鹃花植物的引种和保育，多年来并没有把报春的事儿过多放在心上。

直到退休前两年的5月，经中国科学院成都分院印开蒲老师介绍，我在都江堰龙池接待了西岭雪山景区来人，他们希望我们推荐一些特色野生观赏植物，为解决旅游淡季的景观美化提供帮助。很巧，龙池园区的粉被灯台报春正进入盛花期，于是西岭雪山景区的工作人员和我一样，立马成了这种鲜花的拥趸。

在接下来的数年里，我们和西岭雪山开展了卓有成效的合作。先用了3—4年，将粉被灯台报春的数量提升到了数百万株，继而又花了2—3年时间，将开黄花的橘红灯台报春引种成功并人工繁殖了百万株以上，由此初步解决了该景区雪季后色彩缺乏的问题；同时，也相当于无意间建成了一处粉被灯台报春与橘红灯台报春的迁地保育基地。尤其是对橘红灯台报春来说，那就是一场及时雨，因为该种的自然种群已岌岌可危。

特别值得一提的是，粉被灯台报春和橘红灯台报春，分别为著

迎阳报春　李黎／摄

峨眉苣叶报春 李黎 / 摄

名的植物猎人亨利·威尔逊和乔治·福罗斯特在四川盆地西南大瓦山和滇西北丽江地区的猎获。这两个报春花及同组的其他植物被引入欧洲，已创造了一系列的灯台报春观赏品种，从而使灯台报春成为欧美及日本园林不可或缺的宠儿。

　　成都境内的都江堰至蒲江一线，分布着众多的风景旅游区和自然保护区，但遗憾的是，在景区美化和城市园林中，却很难见到当地及我国西南山地野生乡土观赏植物的身影，西岭雪山景区对上述两种灯台报春的初步利用，或许为此提供了一个值得倡导和借鉴的成功范例。

（庄平 / 文）

米贝母 〉〉〉

米贝母　李黎 / 摄

中文名：米贝母
学名：*Fritillaria davidii*
拼音：mǐ bèi mǔ
科属：百合科　贝母属
物候期：花期 4 月

小时候曾看过一部动画片《人参娃娃》，里面有个精灵古怪的"人参精"，形象就是个活泼的小孩子，还能飞天遁地，常常是一头栽进土里就不见了。现在虽然不信什么"物老成精"，但等米贝母开花的过程，就让我联想起了这个行踪难以捉摸的"精怪"。

2013 年，我同火姐两个人意外在山顶见到了一株盛开的贝母属植物。回来翻《植物志》，查得应该就是为人熟知的"川贝母"了。之后，我们却再也没能在同一座山上，以及成都周边任何一个地方，再看到一株野生的川贝母。我小时候喝过不少"川贝枇杷膏"，知道川贝长期作为药用。只是现在明明已经有非常成熟的产业化种植，但野外的川贝母依然面临着被人过度采挖的困境，似乎一旦和"药用价值""野生"这等词语挂钩，人们就像是追求天上掉下来的长生不老丹一般痴迷，见到便要拿走。有朋友在离我们看到那株川贝母之后一周左右上山，已然找不到了。

因而，我对贝母属的植物，总有一种"下回不一定能再见到"的心态，格外上心，珍惜见到它们的机会。

过了几年，早春三月爬山归来的黄师傅对我们说，在山脚看到一片米贝母的叶子，叮嘱我们若是过去，顺道看看开花没。隔了一阵，我们去拍别的花的时候，特地过去瞧了瞧。仍旧是成片的叶子，一片叶子就是独立的一株米贝母，只是没有一点要长大开花的样子。叶子挺小的，已经是有些深绿，往老叶发展了。我们在周围仔细地看了看，规模不小。畅想着，这些贝母若是开花了，得是好大一片呀。于是欢欢喜喜，想着过一阵再来看。

等到 5 月，我们再去看的时候，原来成片的叶子都不见了。围着之前的石头，左三圈、右三圈地找，大部分的叶子都没了，只有零星剩余。仔仔细细地看，也没找到任何开过花的痕迹。呆愣在当场的我们，都开始自我怀疑了。难道是记错了位置？于是往返又走了几趟，确实是不见了。发现路边有一些清理草丛的痕迹，怀疑是不是担心夏天蛇虫出没频繁，有人做道路管理，清理路边野草的时候，用除草剂导致米贝母被殃及了？计算着我们两趟之间间隔的时间也不算长，难道就这么错过花期了吗？没有确切的答案，只好遗憾而归，等待来年。

第二年的清明左右，雪舞姐他们在别处拍到了开花的米贝母，发在了朋友圈。看到照片的时候，我正好同火姐、黄师傅在一块，立马决定这趟行程结束后，马上出发去我们之前看米贝母的地方。两地生境、海拔差异不大，既然别处开了，那大概率此处也是花期了：这回该是能碰上了吧。

又是兴冲冲地奔赴，等待我们的仍是"一片叶子"。我不甘心地把之前发现过的地方都找了个遍，愣是一朵花没有，也没有要抽花葶的迹象。只是相较去年，叶子们的数量和规模有明显地增加了，可那又如何？它就是不开花。为什么呢？此处到底是差了什么条件？还是说小气候差异，未到花时？

再次怏怏而归几天后，去雅安的一个自然保护区做鸟类调查的黄师傅，突然发消息给我说在那拍到米贝母了。我对着手机愣神，按捺着再跑一趟看看的念头。理性让我着实不相信米贝母几天就能发育成开花，并快速凋谢了。然而我已经恨不得去学个什么神通，让山里的"居民"藏酋猴们帮我看看，到底是我一直同米贝母的花期擦肩而过，还是它在此地就是不愿意开花呢？心有不甘呐！后来仍是有机会过去的时候，都看一看它。到了夏天，果然又是连叶子都消失不见了。

我内心已经觉得我要能看到此间的米贝母开花，可能要同卓一航守幽昙花一般了。奈何现实并不容我不干别的事儿，就守着花开。我只好越来越"佛系"，放下了期待。

第三年4月的一天，火姐收到朋友消息，说山脚的米贝母开花了！翌日，我俩便杀将过去。寻了一会，在路边的小土坡上看见盛

川贝母 李黎/摄

开的几朵。亲眼得见此花,诚恳来说,这花并不属于颜值惹眼的那类。在我们看了三年的基生叶中,抽出了十几厘米的茎,花就低垂在上面。花形同郁金香相似,黄绿色的花瓣含羞垂首,花瓣上还有一些暗紫色的格纹,在林下不算显眼。在整个肉眼可见的种群里,开花的只占极少数。

　　陆续有些朋友也去拍了,开花时间确实并不是那么地短,而这一年也不是所有的个体都开了花。

　　拍花期的夙愿算是得偿了,而这三年的观察,也不只是留下了几张照片。

　　我原来看基生叶那么小,完全没有贝母的样子,名字又叫"米贝母",便暗自瞎猜,是不是花也挺小的。这样一看,花在我见过

米贝母　李黎/摄

的贝母里，大小并不逊色，甚至还称得上是比较大的。而"米"其实指的是埋在土里的球状鳞茎上，长了一些米粒形状的小鳞片。看了专业图库里的照片，觉得很是贴合这个特征。

　　当时大家还有一个共同的猜测，米贝母可能并不是那么依赖开花、传粉、结果这种有性繁殖的方式，更主要的是通过地下鳞茎进行无性繁殖。因此在我们保持了相对密切的观察频次的条件下，依然很少见到花开。但第二年地上的种群数量有明显增加，说明它是有成功的繁殖的。

现有的米贝母研究资料不多，有的还是早年间从药用角度去做的研究。而这些资料和与其他人交流的经验，都佐证了米贝母更依靠无性繁殖这个观点，甚至它无性繁殖的能力在贝母属的植物中都是较强的。我们看到的"叶子消失"，便是米贝母进入了休眠期，要等到来年春天再发芽。在野生环境下的米贝母，据说常是五六年才开一次花。因此我们碰到一回才这么难，能看到已经算是很幸运了。通过守候米贝母开花，我们也算是深刻地体验了一把植物繁殖机制的多样化了。

（李黎／文）

山野间的杜鹃花 ›››

黄花杜鹃　沈尤／摄

中文名：杜鹃
学名：*Rhododendron simsii*
拼音：dù juān
科属：杜鹃花科　杜鹃花属
物候期：花期4—5月，果期
6—8月

说到杜鹃花，几乎每一个人的脑海中都会浮现出映山红的影子，而"杜宇化鸟啼血成鹃"的传说或又将我们带回了数千年前的古蜀时代，并联想到唐代著名诗人李商隐"庄生晓梦迷蝴蝶，望帝春心托杜鹃"的名句。

杜鹃花承载了中国传统文化中

独特的精神和文化内涵，是对一位富于自我牺牲的古代"明君"及士大夫阶层有关"亲民"的悲情演绎。1600年后，那座始建于5世纪南齐时期的"望丛祠"还坐落在成都郫都区的一隅，望帝杜宇的面目依然庄严，而"鹃城"周遭，已然成了我国重要的杜鹃花商业化产地之一。

但那远非成都杜鹃花的全貌。

前段时间，在都江堰的植物学同人初步完成了当地杜鹃花的调查和编目。结果显示，仅都江堰当地已查明的杜鹃花就有30余种。而从此地向南到蒲江，沿成都西部山地的辖区内，尚缺乏系统的杜鹃花资源调查，因此整个成都地区确切的杜鹃花种类数量还不十分清楚。人们熟知的映山红与羊踯躅，常作为彭州丹景山杜鹃花节的

芒刺杜鹃　沈尤 / 摄

美蓉杜鹃　沈尤／摄

主角，但这一带也仅是上述两种杜鹃花的分布西界，加之长期的农耕侵扰，残存的野生个体已极难寻觅。

　　在成都的西部山区，尤其是海拔1500—4000米之间的中高山—高山地带，是杜鹃花的主要分布地，那里位于世界杜鹃花属植物现代分布中心的东界，堪称天然杜鹃植物园：岷江杜鹃见于都江堰龙溪、虹口和彭州白鹿镇海拔1000—1300米的海拔区域，稍高海拔段有喇叭杜鹃、黄花杜鹃等种；在1500—2000米地段，常见种包括多鳞杜鹃、峨眉银叶杜鹃、腺果杜鹃、芒刺杜鹃、毛肋杜鹃及长轴杜鹃等；2000—3000米段的种类主要包括美蓉杜鹃、绒毛杜鹃、团叶杜鹃、宝兴杜鹃、光亮杜鹃、银叶杜鹃、问客杜鹃、树生杜鹃、长鳞杜鹃、皱皮杜鹃等；海拔 3000 米以上，则有枥叶杜鹃、大叶金顶杜鹃、汶川褐毛杜鹃、雪山杜鹃、秀雅杜鹃、雪层杜鹃、茂汶杜鹃、烈香杜鹃、水仙杜鹃等种。

成都地区的野生杜鹃包括了杜鹃花属植物中的 4 个亚属，其中以常绿杜鹃亚属及杜鹃亚属（有鳞类）所含的种类最为丰富，特别是分类地位原始的云锦杜鹃种类繁多，至少包括了美蓉杜鹃等近 10 种，说明成都杜鹃花植物区系古老，并具有较为丰富的变异性。其中，枥叶杜鹃、大叶金顶杜鹃、雪山杜鹃与雪层杜鹃是构成高山杜鹃灌丛的优势种，而喇叭杜鹃、长鳞杜鹃、芒刺杜鹃仅仅在相应的森林海拔段呈零星分布，树生杜鹃和宝兴杜鹃则通常附生于云南铁杉之上，对生境与水湿条件的选择要求极其严苛。

杜鹃花之美，是一种难以抗拒的诱惑。

不同的杜鹃花种类，往往给予人们不同的印象和美感。譬如体态丰满的美蓉杜鹃华贵而端庄，团叶杜鹃的叶片圆融、花色温馨，长轴杜鹃粉花含羞形同村姑，而芒刺杜鹃则鲜艳夺目、摄人魂魄！

回想起多年前，我陪同一群来自日本杜鹃花协会的观光客，在峨眉山仰望铁杉树上的那几簇树生杜鹃小红花时发出惊呼的情景，联想到自己从事杜鹃花资源研究工作以来的多次幸运，我深信只要愿意探索，有关杜鹃花认知的故事就还会继续。

（庄平 / 文）

幸识珙桐 〉〉〉

珙桐　沈尤 / 摄

中文名：珙桐
学名：*Davidia involucrata*
拼音：gǒng tóng
科属：蓝果树科　珙桐属
物候期：花期 4 月，果期 10 月

　　30 多年来，珙桐，这种别称鸽子树、手帕树和水梨儿的高大落叶乔木，一直牵挂着我的神经。

　　1986 年的春天，我在峨眉山初殿首次目睹了珙桐开花，当年秋季采下了第一批果实。1988 年，我们在峨眉山植物园育成了第一批珙桐苗木，并将其中的 1000 株以每株

0.5 元的售价，卖给了来自都江堰华西亚高山植物园的陈明洪先生，货款在 1996 年收到，而我那时已成了华西亚高山植物园的职工。

初到华西亚高山植物园，有同事告诉我，他们大前年在当地也弄到了一批珙桐果实，但第二年竟然没一颗发芽，于是就将其作为垃圾倾倒在了树林中的某个角落。孰料次年初夏，见"垃圾"中竟有一些小苗露头，惊讶之余也甚是不解。我便告诉他们，珙桐有隔年发芽的习性，需要适当的处理才能正常发芽。他们哪想到，那批峨眉山珙桐的种子，先后在牛粪与河沙中前后整整折腾了一年半，才冒出芽来。于是，员工们又按我提供的方法处理了近百斤种子，其发芽率竟达到了 90% 以上。

现在，作为中国特有树种，珙桐成了家喻户晓的植物明星。几乎谁都知道，它的自然分布可以从川东鄂西一直到川西西缘山地和滇东地区。珙桐首次发现于四川宝兴，其属名 *Davidia* 来自著名的法国传教士、大熊猫发现者戴维先生。继此之后，著名的植物猎人威尔逊先生，又在湖北的神农架采到了种子，这才有了周恩来总理在瑞士日内瓦与珙桐邂逅的故事。

珙桐为距今 6000 万年前新生代第三纪古热带植物区系植物。从形态分类上来看，其突出的特点是雌雄同株同花序，被视为一大一小的白色"花瓣"，其实是两枚花序苞片；珙桐的头状花序上，通常包含了众多极小的雄花和一枚雌花，在受精后可形成一枚核果，内有 5 室 5 胚。也就是说，在发育充分且处理适当的情况下，一粒珙桐种子，就可以生出 5 棵幼苗。珙桐的果实较大，种皮坚硬，难以透水，但其幼胚味近核桃，是啮齿类动物们的美食。健忘的松鼠们出于越冬的需要，常常将到手的果实分散于林地各处堆埋储藏，那些被松鼠遗忘的种子，便可能在森林腐殖质中完成软化和后熟，从而巧妙地赢得种群传播和成长的机会。

珙桐　沈尤／摄

　　成都境内的珙桐，大致分布在从彭州到邛崃的山地区域，位于阴湿少阳的"华西雨屏带"，与珙桐的发现地宝兴为同一气候地带类型。幸运的是，在我曾工作的华西亚高山植物园，位于海拔1700米的龙池基地内，就有不少珙桐自然分布，其中一棵的胸径就超过了80厘米。而彭州的银厂沟、崇州的鸡冠山、大邑的西岭雪山及邛崃的天台山，也都有可观的野生珙桐分布。

　　30多年后，陈先生引种到都江堰龙池的珙桐大都开了花，珙桐从种子开始培育需15年以上才能开花，能亲历一粒种子从发芽至开花的漫长过程，真是人生之大幸！

（庄平／文）

玫红省沽油 ›››

玫红省沽油 李黎 / 摄

中文名：膀胱果
学名：*Staphylea holocarpa*
拼音：páng guāng guǒ
科属：省沽油科　省沽油属
物候期：花期5月，果期9月

有一次爬山，已近黄昏，最后
那一段路从前还作为景区打造过，
只是人流被基础设施更好的他处引
走之后，曾经搭建的一些亭台、拱
桥都有些破败了。同行伙伴都有些
疲累了，很少搭话，前前后后走
着，保持着彼此相闻的距离。突
然，远远地看见路边落寞的凉亭一

玫红省沽油的果实　李黎／摄

侧，盛开了一树粉色的花。初看有些蔷薇科花树的气质，忙不迭往前走，想一探究竟。看落在地上的花，不是蔷薇科的五瓣花，更像是缀了花样的小铃铛。抬头看，绿叶枝头花一串一串地摇曳着，赶忙呼朋引伴过来观赏拍摄。

黄师傅道："膀胱果一类的。"可能我瞪眼表达的诧异太过明显，他接了一句："嗯，就是那个膀胱。"我马上言辞急切地表达了对这么清新的花树，为什么要用这么个与气质不相符的名字的疑问。黄师傅不理会，只接着说："就是省沽油那一类的。"我顿时笑笑，解释说因为联想到了名字含了大家都熟识的尊长的姓名，回去一定要把这个物种介绍出去。

后来出野外，也陆续看到过几回开花，并确定了这是膀胱果的一个变种玫红省沽油。名字里的"玫红"就

玫红省沽油的花　李黎 / 摄

是指花色区别于原种的白色，省沽油也好理解，同属的省沽油据研究种子的出油率一般可达到 30.4%，种仁出油率甚至可达到 59.4%，若加以开发利用，自然是省去打油的活了。只是不知道这个变种的油用价值具体如何，但若是作为景观树种，我倒是觉得美学价值还是颇高的。

距离我第一次看见花之后若干年的一个夏天，再次经过了那个破败的凉亭，突然想起来抬头一看——花树正是硕果累累时。看到满树的果子，我瞬间领会了"膀胱果"的内涵。前人诚不我欺！这个个饱满、膨大的样子，真的就像是缩小版的膀胱啊！

此后，再向人介绍这树的时候，便不用多费唇舌，看果期的图，秒懂！甚至还有富有生活经验的人脱口而出："猪尿泡！"

（李黎 / 文）

小凤仙 〉〉〉

天全凤仙花　王进／摄

中文名：凤仙花
学名：*Impatiens balsamina*
拼音：fèng xiān huā
科属：凤仙花科　凤仙花属
物候期：花期 7—10 月

我有个朋友名字叫"涤非"。我很喜欢这种用字简单，但有内涵的名字。说简单，但没和"洗"在一起，很多人就误以为自己并不认识"涤"，非要读半边——"条"，这大大破坏了这个名字的内涵。我一直觉得这个名字的内涵，可能有两个方面的理解，一方面是个人修身，一方面是有点豪气干云的治世理想。涤非说，长辈取名的时候，是怀着后者的期待的。我初听时，想到了两个人——杨过、张洗非，内涵更偏向前者。

知道杨过的人很多。杨过，字改之。这是郭靖化自《左传》里"人谁无过，过而能改，善莫大焉"，希望他能做一个知错能改的人。张洗非则有另一个相对更为人所熟悉的名字——小凤仙。如果再加上"蔡锷"这个关键词，可能更容易让人联想起来。张洗非是她掩护蔡锷成功离开京师之后，自己逃亡东北时所取的化名。用这样的化名，大概也是表明她走向新生活的决心吧。

我因此对"凤仙"有些在意。"小凤仙"的确是"花名"。名字应该是来自对花形状的想象。凤凰是虚构之鸟，却抵挡不住人们在现实中找类似的形态。《广群芳谱》里对凤仙花是这样描述的："丫

太子凤仙花　李黎 / 摄

间开花，头翅尾足具翅，形如凤状，故又有金凤之名。"大概是凤仙花的旗瓣和翼瓣比较明显，从侧面看，还有个像尾巴的距，因此展开的浪漫想象吧。同样的形状，欧美却称为女士拖鞋（lady's slipper），文化差异可见一斑。

小时候，家门前还有几株，不知道是谁种的，也没人去管它。平时无人在意，盛夏就自己开出成串的花来，几种不同的红色，深深浅浅。但那时，我们并不称之为凤仙花，而是叫"指甲花"，花开了总是有一个固定的活动，就是在"大朋友"的带领下，采一些开好的花，染指甲玩。方法是"大朋友"口口相传的：花瓣加些盐捣碎，将之覆在指甲上，再用纱布缠住，等一晚上即可。但我却常常因为耐心不足，等不了一晚上，就早早揭开了，因而很少成功。偶尔有一回，稍微染上了颜色，却是有些令人失望的：颜色饱和度不高，不是想象那般的红，还有些偏黄褐色。而且，颜色并不会完美地只待在指甲盖上，周遭的皮肤也会沾上，显得脏脏的。不多时，颜色就掉了。后来，听说加明矾比加盐要固色些。但想来即便配方正确，还是会耐不住性子等吧。此后方才知道这还是个古已有之的传统事物儿——蔻丹，在宋代的《癸辛杂识·续集》中便有用这样的方法染甲的记录。但见识过真实效果后，不管诗歌描述得多美好，都没法共情了。

相比制作费时的蔻丹，去摸凤仙花的果更加受欢迎。植株上花谢之后的位置，渐渐长出了一些果子。等膨胀到一定程度，就该下手了。用手指轻轻一捏，果子就爆炸开来，弹出种子，残存的部分则迅速卷曲。有时候为了充分感受这种势能，会小心翼翼地避开果本身，掐断连接果和茎的细柄，再放到手心里。捏拳头的过程中，就在手掌里爆开了。再打开，能看到细细圆圆的种子。玩耍过后，

直喙凤仙花　李黎＼摄

青城山凤仙花 李黎 / 摄

峨眉凤仙花　王进 / 摄

便随手把种子撒到其他的地方去。

　　读书后，才恍然明白我们乐在其中的玩乐之举，其实是给凤仙当了一回"打工人"，无意中地帮它传播了种子。想来也是干了不少类似的事情，诸如互相丢苍耳的果子，或者去野地里乱窜，带回一身"针"等，都是植物的传播策略。因此若说凤仙花的英文名是描述的"touch me not"，我觉得有些心口不一的傲娇了，中药命名的"急性子"倒是贴切些——它可巴不得你快快帮它碰开。

　　虽说凤仙花的栽种历史悠久，但现在在成都的城市园艺里用得倒不多了，需得去野一些的地方才能看见一些其他的非园艺种。成都城里最容易找见的是"菱叶凤仙花"，也是我在野外看到的第一种凤仙花。

菱叶凤仙花　李黎／摄

　　那时候，我刚从一条泥泞的小路踏出来，看见小路旁的闲田里长满了绿色的植株，点点嫩黄点缀其中。时值盛夏，花势还不算热烈，花藏在叶腋下，还有些"倚门回首"的感觉。后来深秋的时候，在另一片湿地里看到林下皆是菱叶凤仙花绽放，瞬间想到那句"黄花开淡泞"。虽说原句"黄花"指的应该是菊花，但在此处也是贴切的。这么一看这花的花期可长了，等到没有太多其他的花与其争妍时，漫山遍野便都是它的天下了。

　　这般"聚众"的气势倒也不是独一份的。若在雅安，天全凤仙花才是主角。深秋的时候在荥经县的周坪村里看鸟，路边连畦盛开的天全凤仙花，紫红色的花着实冶艳，路过的人不管爱不爱花，都要看上几眼。开始我还纳闷，这凤仙花田是什么新种植产业，这么大规模。一问之下，当地人亲切地告诉我，这就是自然生长的"猪草"！我深感震惊，脑子中浮现着"二师兄"麻木地嚼着大量的凤仙花，嘴角沾满了紫红色的花汁的情景——牛嚼牡丹啊！冷静后细想，其实也是各取所需的好事。此后，再看到任何漫山遍野的凤仙花，我都称之为"猪草凤仙"了。

除开这种大面积占山占田的种类，更多的凤仙花要去山里、林间偶遇，少了些热闹的阵势，多了些淡然的"仙气"。得益于四川是凤仙花科的主要分布地之一，看"凤仙"便有了天然的便利，也很容易看到一些特有种，譬如青城山凤仙花、峨眉凤仙花等，都值得秋天的时候去探一探。

（李黎/文）

悬钩子的语文课 〉〉〉

黄泡 李黎／摄

中文名：悬钩子
学名：*Rubus* sp.
拼音：xuán gōu zǐ
科属：蔷薇科　悬钩子属
物候期：花期 2—3 月，果期 4—6 月

蔷薇科有很多好看的花和
好吃的果子，悬钩子属的花在
蔷薇科的大家庭里就不怎么凸
显了，简简单单的样子，颜色
也很平淡，花期的时候，在野
外碰到我常懒得去拍它。倒也
不只是因为"颜值"，主要是悬
钩子属的种太多了，也难得去

定种，就怠惰了。若是等到果期到来，我常忍不住要多看几眼，拍一拍果子，偶尔也尝一尝。圆乎乎的小核果集合成聚合果，有一些浆果看着格外晶莹剔透，惹人采撷。也有一些并不那么透光的，但吃起来，好看的并不一定就好吃。

悬钩子的味道，不同的种有差别，与成熟程度也相关。吃过树莓的朋友就能体会悬钩子的味道，不过经过人工选育，水果大概率还是要比野果子好吃得多的。即使没吃过已经产业化的树莓，很多人的童年也可能和悬钩子有过渊源，譬如很多人都有过采摘蓬蘽的经历。

悬钩子属有很多叫"泡""莓"的，比如"黄泡""插田泡""高粱泡""川莓"等，尤其"泡"的叫法让西南人民应该觉得

凉山悬钩子　李黎／摄

高粱泡 李黎/摄 ｜ 空心泡 沈尤/摄

黄泡 李黎/摄 ｜ 川莓 李黎/摄

150 成都自然笔记
Notes of Chengdu Nature

空心泡花　李黎 / 摄

很亲切，因为很多果子都可以叫"泡"。我一直觉得悬钩子的很多
种中文名称，可能都采用了地方称呼，因而听起来特别亲切。关于
"泡"这个字，如果翻字典，是从来不曾有过"果"这个词义的。
一开始，我以为是方言发音，并没有具体的字，只是找了一个读音
接近，最容易记住和书写的字。直到后来听朋友说考据了"藨寄
生"的"藨（pāo）"字，应该指的是悬钩子属的植物。我读了很长
一段时间"彪"的音，直到自己去翻资料，才知道这个字当释义为
"莓的一种，可食"的时候，应该读"抛"。这就比"泡"更贴合我
们四川方言的语调了。我瞬间明白了四川方言里野果子，应该用的
是"藨"这个字，只是相对"泡"，要生僻多了。联想起中学时代
的一位语文老师曾说过，在我们的方言里，其实留存了很多古汉语

美饰悬钩子　李黎 / 摄

的用词和语法，当时理解得不大深刻，这不，又得到了一个有力的佐证。

有位同好尊长曾经指着红彤彤的果子感叹，四川境内有特别多样化的悬钩子属的野生资源，着实是有很好的开发和利用空间，奈何水果市场上现在多见的都是外来的驯化品种。我深以为然，树莓之类的水果相对柔软，较之其他的很多水果在采摘、储藏、运输方面有比较大的挑战。但如果能就近开发，在适应性、运输、存储上的困难都要相对小一些。尤其在我们偶然吃到特别好吃的悬钩子的时候，这种想法格外强烈。虽说一方面是吃不够，想要有量化供应，另一方面也是觉得同野生动物争食，有些不好意思了。

采摘悬钩子的时候，我们总是小心翼翼地避开它的枝条。"茎上有刺如悬钩，故名。"虽说悬钩子的刺只是物理攻击，没有毒性，但一旦被钩住，哪怕只是衣服，挣扎的时候，枝条柔软，不容易脱开，不免要受到更多的针扎。我猜想，可能果子要"勾引"的对象，并不是我们这一类大型动物，而是尖嘴、身轻的鸟儿之类，它们应该就很能在避免受伤害的同时又准确地采撷果子。对悬钩子而言，避免了大型动物可能对它植株造成的伤害，小型动物采食了它的果子之后，包裹的种子也在种皮的保护之下不被消化地顺利排泄出来，达到帮它传播种子的目的。这种感慨，也是我们吃出来的"猜想"。因为吃悬钩子的果子时，通常在不咬破种子之前，体验都是很好的，有香味也有口味，然而一旦咬破种子，就常觉得或苦或涩，想来也是匹配这套传播机制的。

（李黎／文）

不一样的兰草 〉〉〉

四川独蒜兰　邹滔 / 摄

中文名：四川独蒜兰
学名：*Pleione limprichtii*
拼音：sì chuān dú suàn lán
科属：兰科　独蒜兰属
物候期：花期 4—5 月

20 世纪 80 年代，一本《养兰》的小书十分畅销，作者邓承康先生工作的草堂祠兰圃，便成了成都"兰友"们经常聚会的场所。

那时候，人们仍沿袭古人的传统，将兰草分为春兰、春剑、春蕙、夏兰、寒兰、建兰、虎头兰等。总之，人人都痴迷于对兰属植物中各种新奇变异或品种的讨论。而几十年后，随着姹紫嫣红、千姿百态的热带兰或洋兰"大举入侵"，年轻一代对传统兰花的热情，比之前辈们已明显降温。但唯一没变的，是人们对本土兰科植物的面貌仍不甚了了。

记得当年，我国著名的兰科植物分类学家郎开永教授率先研究了四川省峨眉山兰科植物区系，后辈们便"按图索骥"，将 50 余种当地兰科植物收集到了峨眉山生物站的试验园区内，我本人也因此略微了解了关于兰草的知识。

广布小红门兰　邹滔 / 摄

世界兰科植物计约 700 属 20000 种，主产自热带和亚热带，少数种类见于温带地区，我国有 171 属 1247 种，以及不少种下变异。成都地区为兰科植物的亚热带—温带产地，主要包括了从彭州到蒲江的丘陵及高山区域，但相比于北邻的北川小寨子沟和南边的峨眉山，成都地区兰科植物的种类及其分布情况的研究尚有许多空白。由于长期农耕和过度采挖，自然分布在丘陵和低山区的兰属植物，如春兰、蕙兰、兔耳兰等已十分稀见，现仅偶见于山麓地区的农家院内。

著名的中药材白及、绶草、天麻，分别来自兰科家族中的 3 个小属。白及是其所在属中分布最广泛的一种，作为常用中药，其假鳞茎有止血补肺、生

流苏虾脊兰　邹滔 / 摄

黄花杓兰　邹滔 / 摄

大叶火烧兰　邹滔 / 摄

肌止痛之效，紫红色的花颇具观赏价值。绶草即中药盘龙参，有益气养阴、清热解毒之功效，紫红色的花小而密集，呈螺旋状扭转，奇特有趣。天麻为腐生植物，通过与蜜环菌之间的营养联系吸收养分，从而完成生长和繁殖，天麻的鳞茎入药，治疗头晕目眩、肢体麻木、小儿惊风等症，主要分布于常绿阔叶林及常绿与阔叶落叶混交林区，与天麻同为腐生植物的珊瑚兰和大根兰也见于此。

川西有多种虾脊兰属植物分布在中山—亚高山区，该属植物的花形如小虾，花色丰富。在成都辖区的常见种包括流苏虾脊兰、反瓣虾脊兰、三棱虾脊兰、叉唇虾脊兰、少花虾脊兰等。在上述海拔段，还常见有舌唇兰、大叶火烧兰、杜鹃兰和独蒜兰等不同属种分布。杓兰属植物以下唇瓣大并呈囊状而得名，观赏价值较高，许多种类产于西南高海拔地区，如黄花杓兰、华西杓兰及西藏杓兰等产于本区的高山灌丛与草甸，而绿花杓兰与扇脉杓兰，则见于低山常绿阔叶林和混交林的林缘或沟边阴湿处。在高海拔区的草甸及流石滩环境中，还常见有川西兜被兰、华西红门兰、广布红门兰、缘毛鸟足兰、西南手参等属种。

由此看来，我们传统意义上8个原种以及由其自然变异或人工选育后代的兰草，远不能反映成都"兰草"的全貌。而热带兰或洋兰的大量引进利用，更不能替代我们对本土兰科植物的深度认知、有效保护和合理利用。

我们应该去结识身边那些"非主流"的兰草。

（庄平／文）

花藏深山　　159
花 Flower

早在一千多年前，生活在成都的后蜀画家黄筌就已经热爱上了这里的鸟儿，在他那幅著名的《写生珍禽图》中，人们见到的各种珍禽实际上都是成都地区的常见鸟类，他如同一位资深观鸟者，以画笔为当时的成都鸟类留下精美的写照。这些鸟儿就如同成都的居民一样，数千年来与生活在这里的人们相熟相知，在繁华的都市中，鸟儿仍旧在枝间雀跃欢唱，人们还是那样闲适地在树阴下听鸟鸣、品香茗。在成都，人们不仅可以听到颇具蜀地特色的杜鹃啼叫，更能看到各种候鸟在迁徙过程中驻留成都的倩影。人与鸟在这座城中和睦共处，在鸟鸣鸢飞中谱写着生态成都的新篇章。

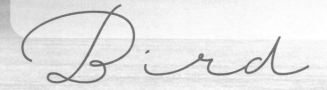

Bird

水上舞者

追寻青头潜鸭 ›››

青头潜鸭 沈尤 / 摄

中文名：青头潜鸭
学名：*Aythya baeri*
拼音：qīng tóu qián yā
分类：雁形目 鸭科
IUCN 红色名录等级：CR

2008 年 2 月 27 日下午 1 点，成都新会展中心，世纪城路北侧、西距锦江仅 300 来米的一个 25 亩见方的小湖泊。午后的微风搓起轻柔的水波，不大的湖面上，数十只野鸭安静地享受着早春的时光。湖南面是以世纪城新会展中心为代表的现代都市城区，湖北面则是大片尚未利用的荒地。

这是一年之内我第三次来到这个未名湖边观鸟。

第一次来这里时，目标是家麻雀（*Passer domesticus*），因为在四川少有记录，它对"鸟人"们而言颇有吸引力。我们在新会展未名湖见到的这群家麻雀，只有十来只，出没于湖边的芦苇丛，并不难找，稍花些时间就可看个大概。

倒是水里数量不少的鸭子引起了"鸟人"们的注意。架起单筒扫眼望去，不甚怕人的绿头鸭（*Anas platyrhynchos*）常顺着水岸线游走。稍远一些的地方，白眼潜鸭（*Aythya nyroca*）是主力，凤头潜鸭（*Aythya fuligula*）也不少，然后夹杂着红头潜鸭（*Aythya ferina*）、绿翅鸭（*Anas crecca*）和赤颈鸭（*Anas penelope*）。对当时仍属"菜鸟"的我而言，要把这些鸭子们都辨识清楚，除了认真观察、借助工具，还要把重要信息认真地拍摄记录下来。

后来，在整理照片的时候才忽然"发现"，有一种并未在现场认出的鸭子，原来是青头潜鸭。乍一看，它和白眼潜鸭长得颇为相像，在资深"鸟人"的提点下，才能注意到青头潜鸭两胁的"栅栏纹"和尾部那个时隐时现的小白斑，至于"青色"的头，在距离较远或光线较差的情况下其实难以拍摄，还好我当时拍摄的照片把青头潜鸭的主要特征基本记录清楚了。

我之所以对青头潜鸭表现出高度的热情，除了这段个人记录的"插曲"，还在于青头潜鸭的相关信息。青头潜鸭是雁形目鸭科潜鸭属的鸟类，曾广泛分布于从东北亚到东南亚及印度次大陆的广大地区，因其数量明显下降，于 20 世纪 90 年代中期被 IUCN 濒危物种红色名录列为易危物种（VU），而就在我们观察到青头潜鸭的 2008 年，它被提升为濒危物种（EN）。"濒危"两个字，很容易让人想到大熊猫（*Ailuropoda melanoleuca*）、金丝猴（*Rhinopithecus*）一类的明星动物，但青头潜鸭的知名度却远远赶不上同为濒危动物的中华秋沙鸭（*Mergus squamatus*）。

于是，在此后的观鸟过程中，尤其是到了水鸟迁徙越冬的季节，我都会把寻找青头潜鸭作为既定的目标之一。但遗憾的是，新会展中心北面的那个未名湖在城市建设的过程中被人工景观化，湖还在，生态却变了，鸭儿们都离开了。与此同时，国际鸟盟（Bird Life International）传来的消息则是青头潜鸭的濒危等级已由濒危（EN）提升为极危（CR），原因是"数量骤降"。

2012年冬，武汉的陶旭东来电说，野生鸟类和湿地基金会（Wildfowl and Wetlands Trust, 简称WWT）想邀请国内相关鸟会参

青头潜鸭　沈尤/摄

与一项非正式的青头潜鸭同步调查。于是，我和成都的部分鸟友又开始了找寻青头潜鸭之旅。2013 年 1 月 28 日，终于在青龙湖找到一只青头潜鸭。后来，陶旭东反馈，这次调查仅在湖北网湖、江西南矶、江苏盐城和四川青龙湖四地有青头潜鸭的零星记录，记录到的青头潜鸭共计不到百只，WWT 推测青头潜鸭全球数量可能已不到 500 只。我当时想，青头潜鸭或许会从我们眼前"消失"。

十余年的追寻，虽然记录到的青头潜鸭以个位数计，但追寻青头潜鸭的过程却让我关注水鸟生存，并见证了成都平原湿地生态环境的变化，整个过程可谓喜少忧多。青头潜鸭对水环境的要求并不复杂，有一定体量的净水面，有一定规模的挺水植物，有吃有住，相对安全即可，但它在成都的越冬场所却难以固定。除了前述新会展中心外的未名湖，东湖公园也把湖里的两个小岛剔除，并且对湖岸景观做了局部的微处理，不但青头潜鸭再也见不到了，连其他的鸭儿们也不来了。甚至，青龙湖在建设过程中对之前记录到青头潜鸭区域的水景观和近水岸线景观的改变，使得这一区域不再适宜青头潜鸭的栖居。

近年来，随着民间观鸟和政府部门组织的相关水鸟调查的广泛开展，青头潜鸭的记录开始频繁出现，如隆昌古宇湖、眉山太和、金堂沱江、广汉鸭子河、成都兴隆湖、绵阳涪江等，甚至成都大熊猫基地都记录到了青头潜鸭。在四川之外，黑龙江林甸、泰康一带和江西九江也有鸟友和专家学者分别记录到过约 200 只的种群，武汉的近郊也有青头潜鸭的繁殖记录，但环境变化和人为干扰对青头潜鸭的生存威胁仍是愈加深刻和深远。

真不希望人类一思考，鸭儿就倒霉。愿青头潜鸭能在神州大地找到安居之所，也让"鸟人"们有鸭可追。

（沈尤／文）

鸟中大佬——夜鹭 〉〉〉

夜鹭　沈尤 / 摄

最近一段时间我住在乡下外婆家，连续好几天夜晚，经常听见有类似乌鸦的鸟叫声。外婆告诉我发出声音的是"洼子"，洼子是一种水鸟。我一直想亲眼看看它的庐山真面目。

中文名：夜鹭
学名：*Nycticorax nycticorax*
拼音：yè lù
分类：鹈形目　鹭科
IUCN 红色名录等级：LC

第一次与洼子相遇，是我和家人在马牧河湿地公园观鸟游玩的时候。那天是 2021 年 1 月 17 日下午，

休息中的夜鹭　郑良发 / 摄

阳光明媚，不时有一阵阵风吹过，草木摇曳。我们循着叫声用望远镜四处扫描，突然发现一只特别的鸟。第一眼看去，它浑身油亮，一动不动，仿佛是一只玩具鸟，因为它喜欢长时间地静立，所以我能把它看得清清楚楚——项背墨绿，腹部灰白，头顶梳着两三枚长辫子，像极了一位武林大侠或是垂钓的蓑笠老翁。

于是，我和妈妈一起合作，在双筒望远镜中用 iPhone 手机拍下了这张照片：在一汪水塘中，站着一只水鸟，它头上顶着大灰帽，两翅戴着灰袖套，脸颊白白的，缩着头一动不动，一双红彤彤的眼睛注视水面，做好下一秒就会雷电般冲入水中吃鱼的准备。

忽然，它展翅一飞冲天，等它在天空中稳住身形，继续慢慢悠悠地飞向远方。

展翅飞翔的夜鹭 沈尤 / 摄

　　这就是国家"三有"保护动物夜鹭。夜鹭对生态环境的要求很高。当地有夜鹭，表示这里生态环境很好。夜鹭看起来很温柔，其实是肉食动物，不仅吃小型动物，还会吃其他鸟的幼鸟，非常凶残；而且生存能力强，会混在动物园中蹭饭。它们喜欢聚集在一起排泄，大量粪便影响环境美观，其他动物都有些"敢怒不敢言"，人类办法也不多，它简直是鸟中大佬。

　　现在夜鹭虽然变多了，但还是要保护它们，不能让它们沦为盘中餐，更不能让它们像松鸦、红嘴相思鸟、伯劳、画眉等一样被抓到鸟市上进行非法贩卖。而对于其造成的不便，也只好请人类多加包容了。

葛博远（9 岁）/ 文

彭州市延秀小学 4 年级 6 班

黑水鸡中的"战斗鸡" ›››

黑水鸡 郑良发 / 摄

中文名：黑水鸡
学名：*Gallinula chloropus*
拼音：hēi shuǐ jī
分类：鹤形目 秧鸡科
IUCN 红色名录等级：LC

初夏雨后的浣花溪处处生机勃勃。在这绿荫照水、柳絮飞扬的湖边，小鸊鹈夫妇正忙着孵蛋，等待它们家新生命的到来。它们家隔壁，住着一只雄性黑水鸡，我叫它老王。

老王长着一身黑褐色的羽毛，翅膀和尾部夹着一些白色的覆羽。头部上方是一块正红色的额甲，配

黑水鸡　郑良发 / 摄

上明黄色的小尖嘴，显得格外醒目。它的脚又细又长，颜色是有点偏冷的柠檬黄，关节部位还透着一丝黑，看起来非常炫酷。老王身手矫健，游起泳来，身体和头部有节奏地前后一伸一收，尾羽向上翘起，微微打开，就像一艘小龙舟，很是灵巧。它喜欢在湖中的浮标上散步觅食，走起路来，步伐不缓不急，很是悠闲。有时候，它还会"金鸡独立"地站在浮标上，梳理自己的羽毛，欣赏自己的倒影，很是潇洒。

这两天，老王交了一个女朋友，它们在一起散步、游泳、整理羽毛，很有爱。但好景不长，一个不速之客——另一只雄性黑水鸡，闯入了老王的地盘。老王看它来者不善，便用叫声警告对方，可入侵者并没有被吓跑，反而步步逼近，老王见状，用翅膀猛烈地拍打着水面，直接冲向了对方。双方你蹬一脚我蹬你一脚，打得难解难分，异常激烈，湖面上水花四起。这时，鹍鹏爸爸赶来驱赶它们，以防战火蔓延到它们家，惊扰到正在孵蛋的鹍鹏妈妈。双方僵持了一会，老王这才使出绝招"降鸡十八爪"，用双脚掐住了对方的脖子，使劲一蹬，对方向后退出几步，再也无法抵抗，落荒而逃。老王乘胜追击，将这个不速之客赶出了自己的地盘，湖面上划出了两道长长的水波。老王昂首挺胸，胜利而归，湖面又恢复了平静。

下午，又有黑水鸡来挑战老王，但老王总能靠着巧妙的战术和过硬的实力击退这些挑战者，捍卫它的领地、保护它的家人，真不愧是黑水鸡中的"战斗鸡"啊。我们祝福老王和它的伴侣在美丽的浣花溪幸福愉快地生活下去。

[李路加（10 岁）/ 文]

大红鹳：成都历史文化的自然信使 ›››

红鹳　沈尤 / 摄

中文名：大红鹳（火烈鸟）
学名：*Phoenicopterus roseus*
拼音：dà hóng guàn　（huǒ liè niǎo）
分类：红鹳目　红鹳科
IUCN 红色名录等级：LC

2012 年 11 月中旬，正值水鸟迁徙越冬的季节，成都平原在经历了一场历时十来天、降温十几度的寒流过后，天气有所回暖。对观鸟爱好者们而言，一个大的天气变化过程往往会带来一些意想不到的鸟情。

果不其然，一条极具爆炸性的消息从广汉三星堆门前的鸭子河

大红鹳群体　沈尤 / 摄

（沱江上游支流湔江流域）传来：大红鹳到了。大红鹳，又名大火烈鸟，是红鹳目红鹳科红鹳属大型涉禽，主要分布在非洲和美洲等地，欧洲和亚洲也有分布。

　　对中国观鸟爱好者而言，大红鹳是十分遥远而难以见到的鸟类。于是各路"鸟人"蜂拥而至，只为一睹大红鹳尊容。

　　我们所见到的这只大红鹳还是个亚成体，体长近 130 厘米，全身色泽灰暗，并没有成年大红鹳鲜红的羽色，仅在展翅飞行和抬起翅膀的时候能看到它腋下覆羽的红色。硕大而向下弯曲的嘴也是灰褐色，不似成鸟那般鲜艳。它孤零零地站立在鸭子河的河滩上，高

鸭子河，大红鹳较大的身形让人一眼就能望见它　沈尤 / 摄

挑的身材与周遭聚集的雁鸭等鸟类形成鲜明对比。它时而在水线泥滩静立发呆，也许在思考这到底是哪里、自己是如何到这个陌生的地方来的，时而埋头在水里，以标志性的前推和左右摆动方式觅食。不知道原本栖息于咸水区的它能不能习惯成都平原淡水河流里的伙食？从它晦暗的羽色和磨损明显的羽毛来看，可能是被长时间的大寒流从阿富汗或哈萨克斯坦等地裹挟过来的。但无论如何，这只亚成体大红鹳算是暂时留下来了，直到一个月以后离去，不知所终。

当我们似乎已经逐渐淡忘了这只出现在鸭子河的大红鹳时，2015 年的 11 月中旬，同样是较长时间的大降温过后，从金堂又传

沱江，芭蕾舞者大红鹳　沈尤 / 摄

飞行中的大红鹳　沈尤/摄

来 6 只大红鹳亚成体停落在县城附近沱江的消息。这再一次点燃了"鸟人"们的热情，爱好者们蜂拥而至，队伍比三年前更庞大了。

之所以说大红鹳是搭载了历史文化讯息的自然信使，除它与天气等自然环境的动向和变化过程有关之外，还可能与"古蜀崇鸟"有莫大关系。且不论三星堆遗址中曾出土的大量鸟形器，仅以成都金沙遗址出土的太阳神鸟图案而言，那四只体态舒展、长脖子长腿，围绕太阳飞翔的鸟，从形态上看与大红鹳最为相似。完全可以猜想，古蜀先民在冬季的寒流中最为期待的就是寒冷过去，温暖重来。从大红鹳今时出现的背景看，这种极为罕见、身具红色的鸟，不正是能带来太阳和温暖的鸟吗？

（沈尤 / 文）

黑喉潜鸟 >>>

黑喉潜鸟　邹滔 / 摄

中文名：黑喉潜鸟
学名：*Gavia arctica*
拼音：hēi hóu qián niǎo
分类：潜鸟目　潜鸟科
IUCN 红色名录等级：LC

　　潜鸟目是鸟类里非常小的一个目，全世界仅有1科1属5种，在国内就能见到其中4种：红喉潜鸟、黑喉潜鸟、太平洋潜鸟、黄嘴潜鸟。它们主要生活在靠近北极的苔原地区，在大中型湖泊和河流里活动，以鱼类为食，部分会迁徙到我国东部沿海地区过冬。

我没想到，第一次遇见这类在海边生活的鸟，竟然是在离东部海岸线超过 1500 千米、地处内陆的成都市区。

说来话长，这是 2020 年 1 月的一天，成都观鸟会例行的成都平原越冬水鸟同步调查开启，一共有十多个队伍会在同一天里前往成都平原各个重要的湖泊和河流水系，同步调查各种越冬水鸟的种类和数量，这对于持续监测成都平原的环境变化有着重要的意义。我也参与其中，带队开展兴隆湖及附近水域的调查工作。

兴隆湖东南角，我们一行 12 人的队伍聚齐，大致介绍今天的调查路线和工作分工后，走进湖滨的步道开始数鸟。刚数完近处的 40 多只斑嘴鸭，我忽然发现了 200 米外一只有点陌生的鸟，用望远镜观察，它体色黑白，类似鸬鹚，体型却更大，流线型非常明显。潜鸟？我有点不敢相信，赶紧拍照片发工作群确认，再对照图鉴，果然是黑喉潜鸟——四川省鸟类新纪录！

它竟然会出现在成都？！我和伙伴们都非常意外，同时又觉得运气真不错，继续用望远镜仔细观察，用相机拍摄。黑喉潜鸟在湖里有时在水面漂浮不动，有时下潜捕食，但和我们的距离实在不近。不一会儿，我们发现了黑喉潜鸟的消息已经传遍多个网络圈子，我也收到不少朋友的询问信息。

调查才刚开始，工作任务还没完成，我们只能继续顺时针环绕湖边进行调查，想着完成之后再过来好好观察。

戏剧化的是，下午一个完成了调查的兄弟团队闻讯赶来，发现它遇到了麻烦。黑喉潜鸟下潜捕食后出水时，不小心被网挂住，挣扎许久也没能挣脱。朋友们赶紧联系公园管理方和船只救援。庆幸的是，仔细检查后它身体无碍，后来被放归到附近的青龙湖。一番波折之后最终完美收场，令人欣慰。

黑喉潜鸟　邹滔／摄

4天之后，我来到青龙湖湿地，想再见见这个劫后余生的老朋友，结果绕完整个湖后才终于找到它的身影。只见它悠然畅游水面又略带警惕，划过湖对岸粉色冬樱形成的倒影，看来适应得还不错。

而后新冠疫情突发，我被困在家中，没法继续关注它的近况。听说2月还有人在青龙湖见到过，3月之后再寻不见，想来应该是随着北返的其他候鸟们迁徙了吧。

偶然来到成都，历经波折，也许这只黑喉潜鸟会在遥远的北极繁殖地，兴奋地跟同伴谈论起这次特别难忘的经历吧。

（邹滔／文）

黑翅长脚鹬：
冬日的河滩"超模"›››

黑翅长脚鹬　邹滔 / 摄

中文名：黑翅长脚鹬
学名：*Himantopus himantopus*
拼音：hēi chì cháng jiǎo yù
分类：鸻形目　反嘴鹬科
IUCN 红色名录等级：LC

成都的冬天，对很多观鸟爱好者来说是一个美妙的季节，因为大量的候鸟，会在这个季节，从世界各地飞越千万里后，来到成都平原越冬。

水鸟是其中最主要的候鸟群体。它们有的来自海边，有的来自远方的河流和湖泊，成都平原分布各处的河湖、湿地正是它们最重要的栖息场域。

  位于成都锦江华阳段斜拉桥下，有一处最为典型的河滩。这里河道足够宽，水的深浅适中，河岸带旁是宽达百米的农田，同时裸露的河滩离岸边步道有一定的距离，为鸟儿们提供了极好的栖息条件。有安全的栖身场所，也有觅食的地方，吸引了大量水鸟聚集。

  这里河滩上的鸟儿，有本地的常住居民白鹭和红尾水鸲等，也有来自远方的鸻鹬和鸭类，当然还有每天傍晚准时前来河边洗澡的椋鸟大军，以及到了冬天仍然还出现在成都的燕子。虽然鸟儿众多，颜值高的也不少，但如果做一场超模选拔赛的话，结果是显而易见的，最为耀眼的明星，非黑翅长脚鹬莫属。

  黑翅长脚鹬，一听名字你大概就能想象得到它的样子：一对黑色的翅膀和一双大长腿是它最显著的特征。高挑的身材，圆圆的脑

一只黑翅长脚鹬正在觅食　邹滔／摄

　　袋，尖且长的喙，红色的大长腿，阳光下泛着金属光泽的黑色羽毛，显得既萌又特别有气质。

　　比起白鹭，黑翅长脚鹬身体颜色更为鲜艳，但遇见的机会却少了太多，显得神秘。比起扇尾沙锥，它的曝光概率又更高，因为沙锥很多时候都藏在石头缝里，好不容易等到它们出来觅食的时候，

华阳锦江的黑翅长脚鹬　邹滔／摄

由于腿相对较短，加上羽毛的颜色跟石头很接近，又不太容易被发现。比起长嘴剑鸻、环颈鸻等来说，黑翅长脚鹬体型占据很大优势，前两者体型都相对较小，更容易跟河滩上的石头融为一体，不易发现。青脚鹬倒是和黑翅长脚鹬体型和身材都很接近，但羽毛的颜色又偏浅，脚上的青色比起红色来说也显得暗淡不少。赤麻鸭就

水上舞者　185
🐦 Bird

更不用说了，虽然羽色鲜艳，但好像更适合往"萌界"发展。

每天上午和傍晚时分，随着鸟群们集中觅食和走动，一场河滩T台秀也就正式上演了。T台的灯光是对全世界摄影师来说最好的自然光，音乐是比任何交响曲都更棒的自然协奏曲。鸟儿们的每一个动作都在诱惑摄影师不断地按下快门，只听"长枪短炮"不断地发出"咔咔咔"的声音，定格每一个精彩的瞬间。与真正秀场唯一的区别是，这里不能使用闪光灯。

黑翅长脚鹬就像一场时尚T台秀的明星，聚焦了众人的目光，也有明星的排场：它们的"工作时间"非常有限，很多时候都只是站在河滩上睡觉。

睡觉的时候，它们单脚站立，把另一只脚收到羽毛下面，两只脚隔段时间会轮换。如果被其他鸟吵醒美梦需要移动，也是首先单

一群黑翅长脚鹬　邹滔/摄

　　脚跳，再借助翅膀腾空，看上去要比使用双脚时更费力一些。但其实很多鸟类都有相似的行为，长腿水鸟尤其如此，比如鹬类、鹤类等。它们这样做主要的目的是最大限度地减少热量散失，因为脚上没有羽毛覆盖，所以只有收到羽毛下面保暖了。像有些腿短的鸟类，比如鸽子，它们只需要蹲下，羽毛就可以盖住裸露的脚，而长腿的鸟类做蹲下这个动作不太容易，因此单脚站立就成了对它们来说最优的姿势。

　　有趣的是，黑翅长脚鹬单脚站立睡觉时，头会转向身体后方，把整个嘴和小半截脑袋也插到翅膀下面，而且通常脚和嘴的方向是相反的。也就是说，如果是左脚站立的话，头通常会转向右后方。这样可以帮助它们在睡着的时候，让身体和脚的重心保持在一条直线上，达到完美的平衡，就像模特走台时，走到远端单手叉腰，然后把重心挪到一只脚上站定。

　　根据近几年的观察，每年的 10 月份左右，黑翅长脚鹬就会陆续到达锦江华阳段斜拉桥的河滩，一直到来年 3 月。这里最多时会聚集 190 只左右，今年则差不多有 120 只。每当这个时候，河岸边就会变得热闹起来，众多拍鸟爱好者扛着"长枪短炮"守候在此，只为拍到它们某个动人的瞬间。

　　随着城市的发展，河流滩涂地在成都市区变得越来越少。如果你恰巧发现了一处，请仔细观察，也许一台自然 T 台明星秀正在精彩上演。

（余欢／文）

小䴙䴘：
湖面的小可爱 〉〉〉

小䴙䴘　渔歌 / 摄

中文名：小䴙䴘
学名：*Tachybaptus ruficollis*
拼音：xiǎo pì tī
分类：䴙䴘目　䴙䴘科
IUCN 红色名录等级：LC

湖是静的，宛如明镜一般，清晰地映出蓝的天，白的云，红的花，绿的树；湖是活的，层层鳞浪随风而起，伴着跳跃的阳光，在追逐，在嬉戏，闪现万道金光。偶尔，有几条小鱼跳出水面，荡起一层层的涟漪。几只小䴙䴘在水中扇动翅膀，发出欢快的叫声，湖光映着秀色，比诗意浓，比画面美。

小鹛鹧是野外常见的鸟儿。它们体型较小，搭配细腻的绒毛，尖尖的小嘴，棕红色的脖子，棕黑色的小肚子，增之一分则嫌肥，减之一分则嫌瘦，全身只有脚掌相对大一些，游泳潜水都得靠这对脚掌。它在水上浮沉宛如葫芦，故又名"水葫芦"。

小鹛鹧还有一个外号，叫"王八鸭子"，它全身长满丝状的绒羽，那露出水面的深棕色后背和翅膀轮廓浑圆，乍看之下还真像是隆起来的"王八"。

也许，小鹛鹧"王八鸭子"的俗称，还得名于它出色的潜水技巧。捕食时，小鹛鹧会毫无预兆地一个欠身，"咚"的一个猛子扎进了水里，过了片刻，有时甚至是几分钟，它才从距离原来位置很远的地方冒出水面来，喙上衔着一条刚刚捕获的小鱼。只见它利落地一仰脖儿，将小鱼吞进腹中，又挺起身子，快速地抖动羽毛，发

贴近水面飞行的小鹛鹧　郑良发／摄

小鸊鷉妈妈与小鸊鷉宝宝　渔歌 / 摄

小鸊鷉的巢　郑良发 / 摄

瓣蹼足
用的两侧生有
叶状蹼膜,便
于它们游泳和
潜水.

爪蹼

叶状瓣
角质而向横向突出
故成呈叶状的瓣.

肉蹼

蹼状

外蹼 中蹼

小䴙䴘 䴙䴘目 䴙䴘科
中国常见水鸟之一.体型较小,约27cm.
擅长潜水.常能在距下潜也较远
的地方自然钻出水面.
人们常常将它误认成野鸭.

小小.1.月.于城田里

人们常把小䴙䴘当野鸭.
其实它们之间最明显的区别
便是喙.小䴙䴘的喙是又
长,而野鸭的则常大常是扁的.
另外,它们的尾巴非常小.几乎看不到.

小老弟出此累还不到
火候啊!加油!

奶奶!

孩儿们.我们䴙䴘家族的
绝技就是有两个.一是将轻功
"水上漂"也利登峰造极.
二便是占领地球上所
有到水域! 9(ó)3

小䴙䴘 团子 / 图

光的水珠从它的绒羽上滑落下去。还没在水面停留多久，小䴘䴘再次一头扎进水里，开始了又一次潜水捕食……

小䴘䴘的食物也是多种多样，常常以小鱼、虾、昆虫为主。单独或小群在水上游荡，它很喜欢潜水，一遇惊扰就立即潜入水中。它生性胆怯，常匿居草丛间，它喜欢开阔的水域和多水生生物的湖泊、沼泽、水田。它虽是鸟类却很少飞行，受惊时，会急扇翅膀，贴近水面做短距离飞行。

到了繁殖的季节，小䴘䴘来到芦苇丛里，以水草营造浮巢，发现有人或掠食动物来到巢穴附近后会将巢中的卵用杂草等盖住，以防止被人或掠食动物发现。小䴘䴘妈妈会把小䴘䴘宝宝背在背上，让爸爸负责去找小鱼小虾或者水生昆虫给孩子吃。谁说带孩子就只有辛苦？爸爸妈妈眼里洋溢着幸福。

（伏子萱／文）

绿头鸭 〉〉〉

绿头鸭　沈尤 / 摄

一年四季，都有许多鸟儿飞遍全世界，而对于观鸟爱好者来说，鸟儿天涯海角无处不在。大量的候鸟会在冬季从世界各地迁徙到成都平原，其中绿头鸭是一种在秋天南迁越冬的游禽，它们常常在成都的湖泊、河流栖息。

绿头鸭，一听它的名字，你大

中文名：绿头鸭
学名：*Anas platyrhynchos*
拼音：lǜ tóu yā
分类：雁形目　鸭科
IUCN 红色名录等级：LC

概能想象它标志性的绿头，但这样的靓丽是雄性专属的：47—62厘米的体型，黄的喙，美丽的羽毛，橘红色的脚，脖子那儿还有一块白色的领环，把绿色的头与棕色的羽毛分隔，阳光下泛着绿色光泽的羽毛，将它衬托得分外美丽而优雅。雄性绿头鸭就像一名英勇的战士，还像一位高贵优雅的绅士。雌性绿头鸭的头、颈及全身大多数呈黑灰色，夹杂着少许褐色和棕色羽绒，全身颜色偏灰，便于保护小宝宝，躲在芦苇丛中不易被野兽发现，这朴素的毛色是大自然赐予它们的保护色。绿头鸭的一双小脚上穿着橘红色的泳鞋——脚蹼，正是这双不起眼的小脚蹼，让绿头鸭在游泳时有了足够的动力。

绿头鸭的分布较广，几乎四处可见。它们主要栖息在水生植物很丰富的湖泊、河流等水域，冬天还会出现在开阔的湖泊、江河里。每年的春季3月初至3月末、秋季9月末至10月末正是绿头鸭迁徙的时候。绿头鸭的迁徙会分批逐步地进行，特别是秋季迁徙

绿头鸭

付凯 / 图

的时候十分明显，常常是一批离开不久又飞来另一批，并且集成数十、数百，甚至上千只的大群，或是在河里游泳，或是在水边栖息，发出清脆响亮的"嘎嘎～嘎嘎"的叫声，十分动听。

绿头鸭还都是些爱干净的家伙，没事时常常在河里洗澡，或是梳理毛发。它们在游泳时只将身体的五分之一浸入水中，因此羽毛打湿得较少，上岸抖一抖，再晒一晒，羽毛又干了。

绿头鸭最有趣的便是睡觉，它们睡觉时意识一半清醒一半睡着，也就是说它能睁一只眼闭一只眼，这样能在睡觉时躲避敌人的捕猎。如果能拍到绿头鸭睡觉时的情景，那你十分幸运。

人工养殖的绿头鸭同时也是一种美味佳肴，是中国重要的经济水禽，肉味鲜美，无腥味，营养丰富，蛋白质高，在国内非常畅销，上海市场每年要消费掉 400 多万只绿头鸭，数量惊人。

但是我倡议，请大家见到野生绿头鸭的时候，不要捕杀它们，食用野生动物有风险，保护野生动物人人有责。

（王语萱　赵宇曦／文）

斑嘴鸭 >>>

斑嘴鸭　沈尤 / 摄

我叫斑嘴鸭，今天给大家讲讲我的故事，希望大家通过我的介绍能更加了解我们斑嘴鸭。

先说说我们的生活习性吧！我和我的同伴都较多。我们经常迁徙，一般是 3—4 月迁徙到北方，但是如果天气太冷就迁徙到南方，这种时候一般是 9—11 月。而我的

中文名：斑嘴鸭
学名：*Anas zonorhyncha*
拼音：bān zuǐ yā
分类：雁形目　鸭科
IUCN 红色名录等级：LC

朋友有的生活在中国长江下游、东南沿海和台湾地区，那里温度常年都很适合我们居住，因此有些同伴从生到死都在那里度过。

下面给大家讲讲我的外貌。我们从嘴到眼有一条棕褐色的纹路，还有淡黄色的眉毛，我们的眼睛和脸颊也都呈现着淡黄色，身体自胸部以下都是淡白色，还有腋羽也是白色哦！

接下来再讲讲我们的栖息地。我们喜欢栖息在有水的地方，比如大小湖泊、水库、江河、沙洲和沼泽地区，因为这些地方有我们爱吃的小鱼小虾呢！还有一点，我们在迁徙的过程中也有可能暂住在沿海和农田哦！

我们还喜欢成群结队在小岛还有陆地、水面上戏水玩耍。我们擅长游泳，但是很少潜水。有时还在水面上休息。清晨我们一般会到沟渠、水塘还有沼泽去觅食。我们的叫声也不一般，声音很响亮而且清脆，在很远的地方都能听到。

你们知道我们吃什么吗？我继续给大家讲讲，我们是吃素的哦，比如说水生植物的叶子、嫩芽、根和松藻、浮藻等，还有小草、谷物种子，也喜欢吃一些小型昆虫。

我们的数量还挺多的，暂时没有大的生存危机，大家就不用担心我们目前的保护问题啦！

我们也是很爱干净的哦！人们常常在河岸上拿着相机拍我们呢，拍我们在水中或河岸上精心梳理羽毛，互相照看，互相玩耍，互相打扮呢。

介绍得差不多了，最后再说一次，我们是斑嘴鸭，快乐、无忧无虑，既爱美又爱与人类亲近的斑嘴鸭！

（曹靖嵩／文）

Bird

林
间
精
灵

燕子春日筑新巢 〉〉〉

家燕 沈尤 / 摄

中文名：家燕
学名：*Hirundo rustica*
拼音：jiā yàn
分类：雀形目 燕科
IUCN 红色名录等级：LC

在春天，为了迎接新的繁殖季，鸟儿们积极地觅食，让自己吃得肥肥的。

同时，它们也开始忙着筑巢。

不同的鸟儿有不同的筑巢方式，它们的巢千奇百怪、各不相同。

我和爸爸一起去观察了燕子筑

家燕 沈尤 / 摄

家燕　沈尤 / 摄

巢，有一些有趣的发现。

家燕筑巢用泥和草的混合物，金腰燕筑巢只用泥巴，烟腹毛脚燕筑巢会在稀泥里面加入少量的草，而崖沙燕筑巢直接用草和细棍进行填充。不同的燕子，巢的样子也不一样：家燕的巢像半个靠在墙上的碗，金腰燕的巢像半个倒扣在房顶的瓶子，烟腹毛脚燕的巢像极了一个个的牛粪，而崖沙燕的巢都筑在沙土洞里。

爸爸说，我们可以根据巢的样子判断是哪种燕子。爸爸还编了一段顺口溜："同样是霸窝窝，有的燕子啄泥巴，有的燕子捡棍棍，有的燕子泥巴加棍棍；有的窝窝打洞洞，有的窝窝似碗碗，有的窝窝像瓶瓶，有的窝窝如牛粪。"真是太有趣了！

我希望鸟儿们都有一个温暖安全的家，祝它们繁殖成功。

沈易知 / 文

成都金苹果锦城第一中学 2021 级学生

红嘴相思鸟 〉〉〉

红嘴相思鸟 沈尤 / 摄

中文名 : 红嘴相思鸟
学名 : *Leiothrix lutea*
拼音 : hóng zuǐ xiāng sī niǎo
分类 : 雀形目 噪鹛科
IUCN 红色名录等级 : LC

没有接触观鸟时，以为全世界只有麻雀，接触观鸟以后，才发现原来身边的鸟绚丽得像彩虹，而红嘴相思鸟，则是枝头上的暖色系小鸟代表——鲜红的喙、火焰一般的喉部与羽缘、橙黄色的下腹，搭配上黑色的尾羽和橄榄绿的上身，色彩华美，机敏灵动，常常一小群地出没在树丛

间。若不仔细观察，视线很难追上它们的轨迹。而一旦看清楚它们的
真容，它们鲜艳的身影将在脑海中久久挥之不去。

　　不知道从什么时候起，寒假回家，早起时听见的鸟鸣中多了一
些新的声音，透过窗纱瞥见停留在院子里的鸟儿也多了几副新面
孔。有一天在小树林闲逛，捡拾起了一根纤薄华丽的飞羽，边缘

红嘴相思鸟　李志燕／摄

火红，应该来自一种从没见过的鸟。带上望远镜，听声音，找动静——欸，发现有鸟，锁定目标调焦，噢！原来是红嘴相思鸟呀！

　　院子里来了这样一群新面孔，当然要好好地观察。它们有多少小伙伴？它们为什么来这里？它们会在这里待多久？这些都是我想知道的。大多数鸟类平时都喜欢在清晨和黄昏活动，可以避开正午火辣的太阳；但成都冬日的阳光很柔和，大家都爱出来散步晒太阳，人喜欢，它们似乎也很喜欢，常常在风和日丽的大中午，也能见到这群小身影，先是一串欢快的叽喳鸣叫，接着就能见到一小群红嘴相思鸟跳上枝头，上下左右侦查，感觉安全了便跳到地上，啄食掉落在地的各类种子，在地上跳跃嬉戏，甚至还会两两成对互相梳理羽毛。它们吃饱喝足飞走后，我来到它们待过的地方观察，简单扒拉几下，捡出许多掉落在泥土缝里的种子——天竺桂、红豆杉和朴树的籽。朴树籽似乎是它们的最爱，满地都是啄开的种壳；天

红嘴相思鸟　郑良发／摄

观察笔记：
红嘴相思鸟

寒假的观察记录，源自这根树林里捡到的飞羽。层次丰富的艳丽色彩让我对掉落这根羽毛的鸟产生了强烈的观察兴趣。戴带着望远镜寻找一下午后，我终于见到了羽毛的主人—红嘴相思鸟。

在红嘴相思鸟经常觅食的地方，我发现了三种最常见的树籽，分别是天竺桂、朴树、红豆杉的籽。

天竺桂籽：个头稍大，皮比较韧，啄开有一定难度，啄开比较费力，但也能见到鸟儿啄食。

朴树籽：应该是这三种树籽中红嘴相思鸟的最爱了，个头小巧且壳薄，能很轻松地啄开取食里面营养丰富的种仁。

红豆杉籽（存疑）：挂在树上的新鲜红豆杉籽外面包裹了一层红色多汁的假种皮，鸟很喜欢吃，相比起来种子显得又滑又硬，虽然能找到，但不确定是否合鸟儿胃口。

拍到的第一只红嘴相思鸟：我第一张红嘴相思鸟照片的拍摄经过纯属偶然，只是在散步，突然它就跳到了我面前的无花果枝上，歪着头打量我。我也歪着头打量它，第一次这么近距离观察，发现了好多望远镜里注意不到的细节：比如它的次级飞羽仅后半截翼缘是橙黄色。机会难得，我赶紧拿出手机拍照，小鸟似乎也读懂了我的想法，相当默契地在枝头停留了好久才飞走。

红嘴相思鸟观察笔记　宋斐然／图

红嘴相思鸟　宋斐然／摄

竺桂的种子对它们来说似乎大了一点，需要花点功夫才能吃到种仁；红豆杉的种子看起来最难对付，壳又硬又光滑像小石头一样，以前见过鸟啄食红豆杉的果实（新鲜的果实外面有一层红色多汁的假种皮，鸟很喜欢吃），不知道种子合不合它们胃口。

虽然红嘴相思鸟群体意识很强，常常数只一起行动，但它们也和周围的生物们相处得很好。比如白颊噪鹛，这种胖乎乎的大馋鸟喜欢吃大个多汁的果子，红嘴相思鸟就在它们旁边啄食它们挑剩下的树籽。有一次我发现树上停了一只家麻雀雌鸟，正准备拍照，突然一只红嘴相思鸟跟着闯入镜头，它站在家麻雀下方的一根树枝上，抬头打量这只像麻雀但脸颊上没有黑斑的温柔小鸟。它们也会趁看门狗打盹时，静悄悄地跳到狗子的食盆边啄饭粒。甚至还有一次，我在院子里晒太阳，一回头发现有一只正站在我身后的盆景旁喝水。

大多数鸟儿的名字，都是形态加颜色的组合，而红嘴相思鸟这个名字听起来却带了一丝人类的主观情感。当然了，它的属本就是"相思鸟属"，这是它正统的中文学名，但在各地的方言俗语中，人们也会叫它作"相思鸟"。何谓"相思"？查找了一下资料，原来在人们看来，这种鸟儿常常成双成对飞行、觅食，在枝头相望鸣叫，或站在一起互相梳理羽毛，像极了忠贞不渝的爱侣。而正是这样亲密的行为、艳丽的羽毛、清脆的鸣叫，给它们带来了无端灾祸，它们被捕捉，筛选好雌雄，成双成对地关在笼子里饲养售卖，被迫麻木了对风的向往，在笼子里重复着仅存的一点自然行为，日复一日，年复一年。这会是它们向往的爱吗？这会是我们对飞鸟的真正喜爱吗？振翅飞向过天空的鸟儿，怎会适应笼子里的一根横杆；看惯了自由翔翼的我们，还会再去欣赏被禁锢的翅膀吗？最新的保护名录中，红嘴相思鸟已经被收录为国家二级保护动物。随着人们环保意识的提高，观鸟的人也多了起来，希望在以后的日子里，我们会见到越来越多它们在枝头跳跃的身影。

家门前曾经飞来几对八哥，不知不觉几年过去，抬头再看，电线杆上已经站得密密麻麻。今年院子里多了几副红嘴相思鸟的新面孔，希望下一次回家过年，它们会再一次跳上枝头，打量着这个举着望远镜的人。

（宋斐然／文）

杜鹃·子规 >>>

大杜鹃 郑良发 / 摄

关关雎鸠，在河之洲。

——《诗经·关雎》

鸱鸮鸱鸮，既取我子，无毁我室。

——《诗经·鸱鸮》

中文名：大杜鹃
学名：*Cuculus canorus*
拼音：dà dù juān
分类：鹃形目　杜鹃科
IUCN 红色名录等级：LC

孤山寺北贾亭西，水面初平云脚低。
几处早莺争暖树，谁家新燕啄春泥。

——（唐）白居易《钱塘湖春行》

大杜鹃诗画　陈涛／图

两个黄鹂鸣翠柳，一行白鹭上青天。

窗含西岭千秋雪，门泊东吴万里船。

——（唐）杜甫《绝句四首》

蜀国曾闻子规鸟，宣城又见杜鹃花。

一叫一回肠一断，三春三月忆三巴。

——（唐）李白《宣城见杜鹃花》

　　从这些诗句中可以发现，原来在古时候就有这么多观鸟爱好者，可惜那时没有望远镜，这些前辈们除了用肉眼观察，还靠耳朵听声音分辨，真是值得学习。

　　其中，李白于《宣城间杜鹃花》中提及的"子规鸟"，我在中国鸟类名录里却怎么也没有找到，而且诗中还说是在蜀国（也就是

大杜鹃　郑良发/摄

四川一带）听到的子规鸟鸣。作为一名四川的观鸟爱好者，我觉得有必要去探究清楚。

四川自然学堂李鹏老师告诉我，成都的金沙博物馆和广汉三星堆博物馆展出了大量古蜀时期的金器、玉器、青铜器、陶器、漆木器、石器等，其中有很多是和鸟元素相关的文物，也许能从中找到答案。

我在三星堆博物馆中，看到"两眼浑圆、鸟喙长而尖、羽翅较小尾羽下垂且具硕大冠羽的 A 型铜鸟"，有点像我们常见的臭姑姑——"戴胜"，也看到了具有钩喙且口缝及眼珠周围涂有朱砂的青铜大鸟头，不知道是鹰还是鸬鹚？还有尾上翘，尾羽向上下各分三支，状如孔雀开屏，鸟头扬起三支冠羽的铜花果立鸟，以及 I 号大型铜神树三层九枝上立的九只神鸟，但这些具体是什么鸟，都有待探究。

在金沙博物馆中，我除了看到著名的镇馆之宝"太阳神鸟金饰""商周人面鱼鸟箭纹金王冠带"，还找到"鸟首高昂，鸟嘴上翘，

大杜鹃 郑良发/摄

圆眼突出，双翅收束上翘，尾羽折而下垂，鸟头、颈、身上饰翅羽纹及点状鳞片纹，鸟腹上饰卷云纹"的铜鸟，以及很多神树和玉器上的鸟纹饰。

这么多抽象、夸张、形态各异的鸟形文物，可以看出古蜀人对鸟的崇拜和信仰。那子规和古蜀文明的崇拜和信仰有什么关系呢？

李白在另一首著名诗歌——《蜀道难》中写道："蚕丛及鱼凫，开国何茫然"，"但见悲鸟号古木，雄飞雌从绕林间。又闻子规啼夜月，愁空山"。西汉文学家、蜀郡成都人扬雄所撰《蜀王本纪》中解释道："望帝去时子规鸣，故蜀人悲子规，鸣而思望帝。望帝，杜宇也，从天堕。"看来，子规似乎与古蜀国五代蜀王"蚕丛、柏灌、鱼凫、杜宇、开明"中的"杜宇"王有关。

我又在《华阳国志·蜀志》《蜀王本纪》中，找到了"望帝化杜鹃"的传说记载。这些传说虽稍有差异，但整体都是说继第三代蜀王鱼凫后有人姓杜名宇，是从天而降的神人，自称望帝，在郫邑建都，为第一个称帝的蜀王。他教民众种植庄稼，深受民众的爱戴，是一位仁而爱民的好君王。当时蜀国经常发生水灾，望帝命一位名为鳖灵的人前往玉山治水，由于鳖灵治水有功，望帝自惭不如，于是将王位禅让给了鳖灵，鳖灵接受王位后，号称开明帝，望帝则退隐西山。望帝去世时正值阳春三月，有一种叫子规的鸟不停哀声啼叫"快快布谷"，古人以为是杜宇王化作了教授人们耕种生产的子规鸟，在催促人们赶紧播种，于是为了纪念杜宇王（望帝），人们也称子规为杜鹃鸟。

原来，古蜀文明中的子规就是我们现在的杜鹃鸟（鹃形目杜鹃科的鸟）。杜鹃广布全世界，喜欢吃昆虫，属于森林农业益鸟，这也是以耕种为主的古人将杜宇王幻化为杜鹃进行崇拜和敬仰的原因。在我国境内有 16 种杜鹃鸟（参考《中国鸟类野外手册》），我们常见的一般为大杜鹃、鹰鹃（三声杜鹃）和四声杜鹃，其中，啼叫"快快布谷"的四声杜鹃应该就是指"望帝化杜鹃"中的子规。

在古蜀文明中，古人对鸟的崇拜还有很多，例如太阳神鸟金饰里的"金乌"到底又是什么鸟呢？还有很多未解之谜等待我们去观察和探究。

（陈涛／文）

川大的橙翅噪鹛 ›››

橙翅噪鹛　朱晖 / 图

中文名：橙翅噪鹛
学名：*Garrulax elliotii*
拼音：chéng chì zào méi
分类：雀形目　噪鹛科
IUCN 红色名录等级：LC

　　在候鸟迁徙季节里，四川大学校园内的天使林、野猪林附近总能见到蹲守的"鸟人"们。

　　对观鸟爱好者、鸟类摄影爱好者而言，吸引他们的珍稀鸟种，一是"稀客"，二是"贵客"。所谓"稀客"，乃是一些在本地区初次或鲜少被观测记录到的鸟种；而"贵客"，则是因种整体群数量稀少受到格外关注和保护的金贵物种。二者得见其一，观鸟者们必定欢欣雀跃，如获至宝。但是"稀客"里也有例外的情况，若是遇上了本文中的"稀客"，非但不喜悦，还会徒增伤感与愤怒。

　　位于分析测试中心前，与野猪林仅一径之隔的树林里，偶尔会见到于林下走跳的橙翅噪鹛。它们以灰褐色为主的体色，把翅膀上一抹橙色翼斑衬得格外亮丽——这或许就是其中文命名的由来。

在四川大学望江校区，地头蛇般的白颊噪鹛（*Garrulax sannio*）与其同科同属，血缘最亲。但"哥俩"并不是那么脾性一致：白颊噪鹛天生大胆，在城市环境里占林而居，日日高歌，好不霸气；橙翅噪鹛却更愿意"隐身自晦"，只当你去访问川内名山时，它便做"应门童子"常在左右。而出现在繁华市区校园，实非本意，乃缘于人类的"放生"。

橙翅噪鹛　王进 / 摄

成都历来是一个宗教文化氛围浓厚的城市，围绕望江校区5个常用大小校门的公交车站，就有两个以"寺"命名——红瓦寺、章灵寺。寺庙实体虽已不可见，但宗教对地方文化的影响可见一斑。清明时节，素服祭奠之际，信教人士，秉承着"放弃杀生，解救物命"的理念，意欲通过"放生"还动物以自由，于是常常可见一众人士去花鸟市场、宠物市场购入动物，相约在城市公园里放生。与望江校区一墙之隔的望江公园因优越的地理位置，受到放生者们的"青睐"。

　　只是放了，却未必能生。我们常常在放生之地附近发现很多鸟类尸体，多半受了不同程度的伤。真正的原因，一是野生鸟类在捕获、运输的过程中，已经伤痕累累，体力不支；二则是不熟悉不同鸟种的习性，"生于淮北则为枳"，放生之后没有其适合生存的环境，因而冻死、饿死、被其他动物猎杀。尤其是人工繁殖的鸟，从来"养尊处优"，不具备野外生存技能，放生等于是纵死。另外，"没有买卖，就没有杀戮"，这是一条恐怖的产业链，你放，我抓，我抓来满足你放的诉求。"放生"成了一种强烈的市场刺激，驱使着人去捕获野生鸟类，而在这个流通过程中，大量的鸟类死亡。而随意放生导致的生态失衡、物种入侵，则是更糟糕的后果。这般种种，不过出于无知，修道行善，本出于好意，如此反成了造孽。

　　于是，在川大看到橙翅噪鹛这样的逃逸鸟，因为其"非自然"，不能进入观鸟记录。拍摄这样的鸟种，也会显得不专业，失了水准。爱之越深，就越希望能欣赏其自然之态，这样的"不待见"，也算是一种反抗吧。橙翅何辜！不知在此一眼之后，其命运如何。只愿越来越多的人能开放视野，秉持理性。

（李黎 / 文）

黑旋风灰椋鸟 ›››

灰椋鸟 郑良发／摄

中文名：灰椋鸟
学名：*Spodiopsar cineraceus*
拼音：huī liáng niǎo
分类：雀形目 椋鸟科
IUCN 红色名录等级：LC

在四川盆地成都平原的西南边缘，有一个美丽的小乡村，每当冬季到来，常常会看见树林里有一股股黑旋风，那是灰椋鸟大军正在天空盘旋。它们个个身穿黑披风，耳戴白耳罩，眼涂白眼影，像极了黑旋风少女，那样威风，那样神气！

灰椋鸟大军每年从8—9月份开始从北方迁徙到南方，不过部分灰椋鸟最后选择停留在了这个小乡村。平常白颊噪鹛、白鹭、棕背伯劳都是村里的"明星",可是灰椋鸟大军一到,这些"明星"的关注度就大幅下降了。

白颊噪鹛叫声急促、甚为嘈杂,而灰椋鸟不急不躁、镇定自若;白鹭身材高大,腿脚细长,可叫声难听得像乌鸦一般,比起灰椋鸟干练又有磁性的叫声,那真是差远了;棕背伯劳虽然像个绅士,每天傍晚时分准时站在树枝顶上鸣叫,但是没有灰椋鸟集体行动那样的神气、威风……

除了在繁殖期外,灰椋鸟都喜欢成群结队活动,它们经常在草丛、农田、树林里觅食。它们一般停在没有树叶的树上,晃眼望去,就好像还未凋落的枯叶;停在电线上,远远看去,好像为电线穿上了一层厚棉袄;停在竹子最高处,放眼望去,就像是卫兵,庄

正在觅食的灰椋鸟　郑良发 / 摄

城市中成群飞过的灰椋鸟　邹滔/摄

严肃穆。灰椋鸟的警惕性非常高，只要有一只鸟发现有威胁，整个队伍就会如旋风般马上转移至下一个落脚处。

　　在这里，秋季各种植物果实、种子都十分充足，成片的柑橘树，还有农家喂养鸡鸭鹅等各种家禽和牲畜的口粮，都是它们不错的食物来源。橘子、玉米、麦子、谷子……足够它们大快朵颐。冬季的虫子让它们胃口大开，蚂蚁、胡蜂、叶甲、金龟子、象鼻虫……如果遇到灰椋鸟那就糟糕了——不久，这些小昆虫的小命就要没了。

　　到了 3 月末 4 月初的时候，灰椋鸟大军会集体迁徙至北方的繁殖地，它们分散成队，在阔叶树树洞，或啄木鸟废弃的树洞，或者水泥柱顶端的空洞中筑巢。雄鸟和雌鸟分工协作，它们衔来枯草叶、枯草茎、草根等材料，共同完成筑巢的任务，并且在里面垫上柔软的羽毛和细草茎。灰椋鸟一般产出 4—8 枚蛋，就开始孵化，雌鸟承担主要的孵蛋任务，雄鸟偶尔也会参与，等到雏鸟孵化出来后，雌鸟和雄鸟将共同哺育雏鸟。

　　如果在你家附近恰好遇上一对正在孵蛋的灰椋鸟，请不要吝啬你的照相机，赶紧捕捉下来那一幅幅精彩的画面，记录下来那一幕幕美妙的过程。

（谭雯珂／文）

白颊噪鹛:
城市的清洁工 ›››

白颊噪鹛 朱晖 / 图

中文名：白颊噪鹛
学名：*Pterorhinus sannio*
拼音：bái jiá zào méi
分类：雀形目 噪鹛科
IUCN 红色名录等级：LC

在成都，哪种鸟是最容易见到的？是漫天飞来飞去的树麻雀，是站在水边千年不走的小白鹭，还是唱个不停的白头鹎？都不对。根据成都师范学院附属实验学校的孩子们持续十年的观测，最常见的鸟种是其貌不扬的白颊噪鹛，任一地点的遇见概率达到92%，高居榜首。无论是小区、公园、高校，还是河畔、农田、森林、山区，随处都能看到白颊噪鹛的身影。而它的总数量占到了成都地区鸟类的约十分之一，仅次于常见度略低，但喜欢大群出没的树麻雀。

白颊噪鹛如此地常见，数量又这么大，那它靠什么生活呢？它们主要以昆虫和昆虫幼虫等动物性食物为食，也吃植物果实和种子。所吃昆虫主要有甲虫、象甲、金龟甲、金花虫、天牛、步行虫、锹形

白颊噪鹛　沈尤/摄

甲、瓢虫、蝽象、蝗虫、蚂蚱、毛虫、蛾类、蟋蟀、蚂蚁、鳞翅目幼虫等昆虫，此外，也吃蜘蛛、蜈蚣、虾等无脊椎动物以及石龙子。最绝妙的是，白颊噪鹛适应城市生活毫无压力，它会去捡拾人们掉落的饼干、面包渣等残留物作为食物，甚至直接去垃圾堆"寻宝"。长期与人类共处的生活使得白颊噪鹛毫不怯生，经常跑到距离人只有几米的地方活动。只不过，它们看上的不是人，而是人手里的好吃的。等人一走，它们就"打扫战场"，饱餐一顿。

　　别的鸟儿混城市都有休息的时候，白鹭在水边发呆，珠颈斑鸠在电线上睡觉，翠鸟在思考人生……但是有几个人见过白颊噪鹛在白天睡觉啊？白颊噪鹛除了吃就是运动，是个不知疲倦的大胃王！它们频繁地在树枝或灌木丛间跳上跳下或飞进飞出；如果遇到人类的干扰，就会立刻躲在树丛底下藏起来，待"危险"过去后，则又蹿上枝头开始鸣叫；当遇到敌害逼近等紧急情况时，也起飞逃走，但飞不多远又落下，一般不做远距离飞行，有时也通过在地上急速奔跑逃走。

　　从不挑食的胃口、随遇而安的性格、坚持不懈的体育锻炼……健康的生活习惯让白颊噪鹛以平凡的资质成了自己世界的强者。它在万千物种中脱颖而出，现在是成都市民们最容易见到的野生动物了。

（沈麒　刘瑞/文）

珠颈斑鸠:
悠闲的贵妇人 ›››

珠颈斑鸠　沈尤 / 摄

珠颈斑鸠喜欢园林，喜欢与世无争的生活，喜欢成都这样温馨的城市。她是成都的留鸟。留鸟是什么意思呢？就是长期留在这里生活，一年四季都不用迁徙了。

珠颈斑鸠长着一双黑溜溜的眼睛，颈部有一圈白色珍珠状的点斑，环绕在脖子上，就像戴了几串

中文名：珠颈斑鸠
学名：*Spilopelia chinensis*
拼音：zhū jǐng bān jiū
分类：鸽形目　鸠鸽科
IUCN 红色名录等级：LC

珠颈斑鸠　沈尤 / 摄

　　珍珠项链，也像围着少女系的黑底白斑围巾，这也是"珠颈斑鸠"这个名字的由来。珠颈斑鸠的体型有点像鸽子，但是更圆润丰满，像是养尊处优惯了。她的羽毛是细腻的灰褐色，显得低调而雅致。跟她比起来，艳丽的普通翠鸟就像个没嫁人的姑娘，而娇媚的红嘴相思鸟在她面前则成了天真的小女孩。珠颈斑鸠的气度是从内心深处散发的高贵。

　　珠颈斑鸠的性格好，自己一个能过，遇上亲友也聊得起来。因此我们时常能见到独自享受静谧的珠颈斑鸠，有时也见到她们三三两两地聚集。但是她们一般不会大群出现，叽叽喳喳地喧闹哪里是贵妇人的生活呢？

她游荡在城市周围开阔的原野和林地里，在村庄附近的杂木林、竹林和草地里，遇上中意的食物就伸嘴尝尝。没遇上也无所谓，不急不慢地走着，用不着去拼命。宁静以致远，心里把得失看淡点就行了，没有啥难处过不去的。

珠颈斑鸠不睡懒觉，每天早晨天刚亮就外出觅食，吃饱了就在离地面较高的树上休息。虽然身体富态了，但是作息时间要有规律，不能让不健康的生活方式败坏了自己的心理状态。

她一般不怕人，我们就算从离她较近的地方走过，她也仍然悠然自得地在草地上觅食，除非刻意吓她，她才会惊飞。有时候，她会在茶馆桌下大摇大摆地走，她不打扰人们，人们也不打扰她。她才不会像那些腼腆的小姑娘，看到照相机就躲起来——做最精致的自己，让摄影师们去拍吧！

（严国昊／文）

灰胸竹鸡 〉〉〉

灰胸竹鸡　郑良发 / 摄

灰胸竹鸡有很多别名："泥滑滑""竹鹧鸪""扁罐罐"。灰胸竹鸡羽色艳丽，为国内特有的观赏鸟类。它的嘴巴是黑色，头顶与后颈是褐色，胸部灰色，呈半圆形。

公的灰胸竹鸡天生好斗，常被人们驯化为斗鸡以供观赏；斗鸡的腿是战斗的主要武器，灰胸竹鸡的

中文名：灰胸竹鸡
学名：*Bambusicola thoracicus*
拼音：huī xiōng zhú jī
分类：鸡形目　雉科
IUCN 红色名录等级：LC

腿强健而有点弯度，弯度大弹跳力强，腿基部肌肉坚实有力，适于战斗；同时，双腿间的距离宽大，爪子细利，宜于取胜。它大多生活在竹林中，形状比鹧鸪小，毛褐色而且有斑点，喜欢吃白蚁。

　　灰胸竹鸡不是十分怕人，如果不受到攻击，可在与人相隔三五米的距离内吃东西或打斗。竹鸡常在山地、灌丛、草丛、竹林等地方三五只或十多只结群活动，时常排成一列前进。竹鸡夏季大多是在山腰和山顶活动，冬季在山脚、溪边和丛林中找东西吃。晚上都在横着的树枝上排成一串互相紧紧地靠着取暖，如果其中一只竹鸡因为生病或其他原因摔倒，其他竹鸡就会挤过来填补它的空余位置。竹鸡主要吃的东西是杂草种子、蔬菜叶、嫩芽、颗粒状的果实

灰胸竹鸡是龙泉山上的常住客，往往成群活动在灌丛和草地中，警惕怕人，但独特的类似"地主婆"的叫声不时就能听到　　拍摄于龙泉山长松寺　邹滔／摄

灰胸竹鸡进食　郑良发 / 摄

以及较小的昆虫。人工饲养多给它们吃玉来、小麦、稗子等。竹鸡善于鸣叫，叫声尖锐而响亮，母的发出单调的"嘀、嘀"短声，公的声调好似"扁罐罐、扁罐罐"，经常连续鸣叫数十次。

　　灰胸竹鸡每年 3 月份进入繁殖期，此时由群体生活变成分散活动，公竹鸡具有自己占领一个地方的习性，在这片区域内，不许其他公的竹鸡进入，因此常发生争斗。

（文佳 / 文）

白头鹎:
爱唱歌的勇士 ›››

中文名:白头鹎
学名:*Pycnonotus sinensis*
拼音:bái tóu bēi
分类:雀形目 鹎科
IUCN 红色名录等级:LC

白头鹎 付凯 / 图

　　白头鹎喜欢鸣叫,我们称它为鸣禽。鸣禽追求爱情可不像公牛和狮子那样靠玩命,它们竞争时都比较文明,歌声是它们的武器,白头鹎就是这样一种以歌喉为利器的鸟类。

　　由名字可见,白头鹎定是"白头"。没错,它两只水灵眼睛上方到后脑勺和耳朵的羽毛都是白色的,但额头至头顶是黑色的,就像是戴了一顶黑色的帽子和一个白色的耳罩,这些还不够,它竟然还围着一条白色的"围巾",因为老鸟的"帽子""耳罩""围巾"更加洁白,所以又叫"白头翁"。也不知道它有多怕冷,还穿着一件白灰色的衬衣,背上披着一件橄榄色大衣。虽然它穿得十分厚实，但这一点儿也不影响它美妙的歌喉。

每年 3 月到 5 月是白头鹎的繁殖期，这时的校园里总会看到一群白头鹎一个个单独地站立在树枝上高声鸣叫，那多半是它们在"找对象"，找着了，两只鸟一唱一和，估计是在互唱情歌。但为什么是在校园找？可能是校园里好"找对象"。这个时候，在一些大学里，总能看见一群人举着一米多长的录音机满校园跑，找到一棵合适的树，就举着录音机，开始录白头鹎的歌声，它们也任由他们录，还觉得自己唱的歌很好听哩！

问题来了，雄性和雌性的数量必然不相同，它们肯定要"抢对象"，那么它们是怎么抢的呢？一场属于白头鹎的歌唱大赛就要大张旗鼓地展开了。

鸟儿们通过歌声来吸引异性的注意，但也不是提着嗓门喳喳叫，而是唱出优美的曲调，才能获得异性的芳心。白头鹎简直就是

树枝上的白头鹎　沈尤 / 摄

櫻桃树上觅食的白头鹎　沈尤／摄

天生的歌唱家，一只只唱着优美的曲子，简直不分上下，其余的就全凭运气，运气好的马上就"喜结良缘"，运气不好的要么另寻其他，要么等待下一次繁殖期，要么孤独终老。

　　白头鹎求偶的时候那么"绅士"，它的性格是否会很柔弱呢？恰恰相反，它们的个性是勇敢、不怕困难。在夏季烈日当空的日子里，大多数小鸟都躲到阴凉处，唯恐热坏了自己，而白头鹎却在严酷的阳光下，从容地在草坪上觅食。

　　闲暇的时候，白头鹎喜欢站在最高处，有时候是树梢的枝丫，有时候是屋顶的尖塔，有时候是电线杆的顶部。它喜欢俯视大地的感觉，而胸中平静如水。它看着花开花落、人来人往，世间的一切都无法破坏它的心情。因为真正的强者靠的不是外貌的凶猛，而是内心的坚强。

（刘欣仪／文）

翠鸟：
华丽的思想者 〉〉〉

普通翠鸟　郑良发 / 摄

成都是个气候湿润的地方，分布着为数不少的湖泊和池塘。也许，一身艳丽羽毛的翠鸟正注视着平静的水面。

翠鸟的体型并不高大，体长一般在 16—17 厘米，体重则相当于一枚鸡蛋。它的颜色非常鲜艳，头上的羽毛像橄榄色的头巾，绣满了

中文名：普通翠鸟
学名：*Alcedo atthis*
拼音：pǔ tōng cuì niǎo
分类：佛法僧目　翠鸟科
IUCN 红色名录等级：LC

翠绿色的花纹，背上的羽毛像浅绿色的外衣，腹部的羽毛像赤褐色的衬衫。它小巧玲珑，一双透亮灵活的眼睛下面，长着一张又尖又长的嘴。翠鸟的飞行姿态是最具魅力的了：只见它猛地往上一跳，迅速展开翅膀扇动，才几秒，就已经升到了高处。

　　很多小鸟喜欢结群，但是翠鸟不喜欢。翠鸟过惯了独来独往的生活，也不觉得孤独有啥不好。它停留在河边的树桩和岩石上，

飞入花中—普通翠鸟　李志燕 / 摄

翠鸟组图—三圣花乡　渔歌 / 摄

献殷勤的普通翠鸟　李志燕 / 摄

普通翠鸟　沈尤 / 摄

看着溪水或者小河潺潺流过，尘世的喧嚣丝毫不能掀起它内心的波澜。

如果猎物露头了，它可以一个俯冲以迅雷不及掩耳之势扎入水中，猛地叼起猎物，出水。翠鸟不会像那些凶猛的鸟类靠蛮力捕杀猎物，它这么娇小的身材，做什么事都要先过脑子。通常它会把猎物从空中摔向地面或石头，将猎物摔死。要是猎物命硬，它就多摔几次。摔死了，再整条吞下。

吃饱喝足之后，它会沿水面低空飞行，边飞边叫，飞行速度极快。它常常栖息在岸边灌丛或疏林里。

翠鸟就这样与世无争地生活着。不捕鱼的时候，它常常站在水边，静静地思考人生。

（秦聂／文）

鹊鸲：打架爱好者 ›››

中文名：鹊鸲
学名：*Copsychus saularis*
拼音：què qú
分类：雀形目　鹟科
IUCN 红色名录等级：LC

鹊鸲　付凯 / 图

　　在中国长江流域和长江以南地区，你可能会看见一种鸟，它的叫声清脆响亮、悦耳动听，有时又会看见它在枝头上和别的鸟打斗，你也可能会在路旁挂在树上的笼子里看到它。没错，它就是鹊鸲。

　　什么，你不知道它长什么样子？那就由我告诉你吧！它体长大约 20 厘米，嘴巴粗健而直。鹊鸲的形态也是雌雄分明的，雄性的鹊鸲从头顶到尾巴的覆羽为黑色，黑色里夹杂着蓝色金属般的光泽，高级感十足，下体前黑后白，翅膀上有着白斑，好看极了；雌性鹊鸲则以灰色或褐色代替雄性鹊鸲的黑色部分。鹊鸲的身子小巧玲珑，外观可爱。

鹊鸲属留鸟，性格活泼、大胆，不怕人、好斗，在繁殖期间常常为求偶打斗。它有时单独活动，有时又成对活动。

　　它们主要以昆虫为食，所吃食物种类常见的有金龟子、蟋蟀、蚂蚁、苍蝇蛹等昆虫和昆虫幼体。此外，它们也会吃蜘蛛、蜈蚣等其他小型无脊椎动物，偶尔也吃小蛙等小型脊椎动物和植物果实与种子。

　　鹊鸲是音乐家，清晨它常常高高地站在树梢或房顶上鸣叫，叫声委婉多变，悦耳动听。繁殖期间，雄性鹊鸲的叫声更为激昂多变，犹如整个乐队在演奏。

　　鹊鸲主要栖息于海拔 2000 米以下的低山丘陵和山脚平原地带的次生林、竹林、疏林灌丛和小块丛林等地方，尤喜欢村寨和居民点附近的小块丛林、灌丛、果园以及耕地路边和房前屋后的树林与竹林，甚至出现于城市公园和庭院树上。

鹊鸲进食　沈尤／摄

你知道吗，鹊鸲的巢通常建于树洞、墙壁、洞穴以及房屋屋檐缝隙等建筑物孔洞中，有时也在树枝顶处筑巢。它们的巢呈浅杯状或碟形，主要由枯草、草根、细枝和苔藓等材料构成，内垫有松针、苔藓和兽毛，暖和极了！

孵卵由雌雄亲鸟共同承担，卵化期 12—14 天。雏鸟为晚成性，刚孵出来的雏鸟赤裸无羽，眼睛还没有睁开，雌雄亲鸟共同育雏。

每当我站在阳台向窗外望去时，树洞里总有这样一对"夫妻"。鹊鸲爸爸头顶到尾巴上带戴了一条黑色的丝巾，翅膀上穿着由黑褐色到白色的衣服。它小巧的身躯显得那么灵敏、有神，总是用机警的眼神望着四面八方，好像随时防备敌人的侵袭似的。鹊鸲妈妈与鹊鸲爸爸相似，但是鹊鸲妈妈的衣服比鹊鸲爸爸衣服颜色浅，一对黑玛瑙色的眼睛小小的，像两颗黑色的宝石，嘴巴又小又尖，让人觉得可爱，细细的爪子小又短，使它能够轻盈地在树枝间来回跳动。

每天早晨，鹊鸲爸爸都会站在树梢上唱歌，歌声婉转多变、悦耳动听，休息时，有时将尾巴向上翘到背上，尾梢几乎能碰到头。

这天我一如既往地来看它们，可与平时不一样，我探出头来看，那个由枯草、草根、细枝和苔藓做成的窝里面居然有了五枚蛋。蛋的颜色是淡绿色的，有褐色斑点，由鹊鸲妈妈和鹊鸲爸爸共同孵化。大约过了 13 天，一只没有羽毛、眼睛还没有睁开的鸟宝宝诞生啦，它破壳时体重应该有 9.5—12 克，体长约 5 厘米，可爱极了！

翘着尾巴的鹊鸲　沈尤 / 摄

　　小鹊鸲出生后，鹊鸲一家就过上了开开心心、快快乐乐的生活！小朋友们，快快拿起你的望远镜看看吧！

（王雅婷 / 文）

谁薅了大熊猫的毛？ ›››

飞行中的寿带 郑良发 / 摄

中文名：东方寿带鸟
学名：*Terpsiphone affinis*
拼音：dōng fāng shòu dài niǎo
分类：雀形目 鹟科
IUCN 红色名录等级：LC

初夏的一个午后，我像平日里一样在成都大熊猫基地园区里悠闲地散步。头天夜里下过一场小雨，气温清爽怡人，林子里甚至还透着丝丝凉意，乌鸫、白头鹎、棕脸鹟莺的鸣唱声此起彼伏，成双入对的鸟儿随处可见，一年之中鸟儿们最为忙碌的季节到了。

寿带鸟 郑良发/摄

当我走到成年大熊猫别墅区时，忽然看到大熊猫活动场中一棵碗口粗的女贞树上多出来一个鸟巢。这个鸟巢距离地面约四米高，附着在一根拇指粗的枝丫上，还不及一个成人的拳头大，加上周围有树叶和枝杈的遮挡，乍看之下并不起眼。透过望远镜仔细观察可以发现，这个鸟巢整体呈酒杯的形状，巢的深度比巢口宽度略大一些，巢身宽度往底部逐渐缩小。巢身主要由新鲜的苔藓和细软的干草编织而成，巢身下部那些污白色的羽毛能提供更好的保暖效果，这么精致的鸟巢一定来自一对细致聪颖的亲鸟。用单筒望远镜仔细观察，甚至可以看出巢表面有一些白色的细丝，那一定是亲鸟用来将巢材固定在树枝上的蛛丝——突然，我意识到这些白色的细丝似乎不太对劲，不像蛛丝在微风吹过时有轻盈的感觉，显得略微粗

寿带鸟　郑良发／摄

硬，甚至有点卷曲。刚好这时原本在一旁午睡的大熊猫翻了个身，我立刻反应过来，这几根"蛛丝"正是大熊猫身上的白色兽毛。

究竟是什么鸟这么"大胆"，竟敢从我们珍贵的国宝大熊猫身上拔毛？以前听说过东京上野动物园里的大嘴乌鸦会拔大熊猫的毛。大嘴乌鸦可是世界上最为聪明顽皮的鸟类之一，有时还会去叼猫狗的尾巴取乐。但眼前这么袖珍的巢一定不是乌鸦的，那究竟是哪种鸟呢？而且这巢址的选择也非常讲究，一方面，距离游客的步道不到十米远，又在大熊猫活动场内，完全不用担心有人会过度靠近甚至爬树掏鸟窝；另一方面，虽然大熊猫经常会上树休息，但鸟巢所在的树很细，无法承受大熊猫的体重，所以也不会因为大熊猫爬树而受到破坏。如此既可以避开游客的干扰，也不会受到大熊猫

寿带正在喂食 郑良发 / 摄

红色寿带 郑良发 / 摄

寿带鸟　李志燕／摄

的影响，简直是一处完美的营巢地。

为了抓住"偷薅"大熊猫毛的真凶，我决定在此多待一会儿，希望能等到亲鸟归巢。因为如果巢里有卵的话，亲鸟为了保证雏鸟的顺利孵化，不可能离开太长时间。然而，一个小时过去了，仍然不见亲鸟的踪迹。我略微有点担心：最近时常能看到凤头鹰在附近活动，这是一种凶猛狡黠的猎食者，小型鸟类和兽类稍不留神就可能变成它的一顿美餐，特别是坐巢孵卵的亲鸟更容易暴露于危险的境地之中，难道亲鸟已经遇难了？

我正盘算着上次看到凤头鹰的日子，一个棕红色纤细身影从我眼前一闪而过，停在了这个鸟巢里。我赶紧拿起望远镜，没想到用大熊猫毛筑巢的"小偷"竟然是这样美丽的鸟类——寿带。

（阙品甲／文）

鸟

Bird

空中霸主

白尾海雕 >>>

白尾海雕　邹滔 / 摄

中文名：白尾海雕
学名：*Haliaeetus albicilla*
拼音：bái wěi hǎi diāo
分类：鹰形目　鹰科
IUCN 红色名录等级：LC

　　成都东郊的青龙湖湿地公园有着宽阔的湖面和大片近原生的灌丛和林地，生活着数量众多的水鸟、林鸟和猛禽，是成都市区重要的观鸟地，也是我这些年做定点自然观察的地方。

　　每年入冬，青龙湖迎来大批从北方迁徙而来的水鸟，其中，各种雁鸭类最为引人注目。从常见的绿头鸭、绿翅鸭、斑嘴鸭、白眼潜鸭到赤颈鸭、赤膀鸭、红头潜鸭、罗纹鸭、琵嘴鸭、针尾鸭、赤嘴潜鸭、鹊鸭、鸳鸯，再到难得一见的花脸鸭和青头潜鸭，大片的水面为它们提供了丰富的食物，成都温润的气候也为越冬提供了适宜的大环境。

2017年12月的一天，我又照例开始顺时针绕青龙湖一圈，寻找和拍摄这些越冬的雁鸭类们。11点多，行程过半，已经记录下大大小小30多种鸟。当我隔着湖面搜寻对岸喧闹的绿头鸭和斑嘴鸭群里藏着的其他野鸭时，一只巨大的猛禽出现在我眼前，我赶紧抬起望远镜仔细观察。体型真大！它看起来比常见的普通鵟大太多了，翼展得有2米，巨大的翅膀缓慢扇动，飞行速度并不快，但

青龙湖的客人——白尾海雕　邹滔/摄

白尾海雕　邹滔 / 摄

仍引起了鸭群的极大骚动。然后，它停落在了湖边一棵高大的枯木顶端，收起翅膀，锐利的目光四处观察。这种大鸟羽色灰褐，巨大的黄褐色的喙非常明显，应该是一种雕——草原雕？金雕？都不太像啊！

　　我迅速用相机开始拍摄，记录下几张照片，然后转发到成都观鸟会的微信群询问。几分钟后，结论得出，这是白尾海雕，一只还没成年的亚成鸟——是成都市的鸟类新纪录。以前在四川，我们主要是在若尔盖草原上见到。这只也许是追逐着水鸟们向南飞，迷迷糊糊到了成都市区。

　　消息传出，随后的日子里它引来众人的关注和拍摄。我也多次前往青龙湖，如同赶赴和老朋友的约会。白尾海雕并不会每天都出现，但湖边的枯树是它的最爱，一旦出现总是在这附近活动，不断在鸭群头顶盘旋，引起一阵骚动。也许资历尚浅，捕猎技巧还不成熟，它捕猎野鸭的成功率并不高，尝试数十次才可能捕到一只绿头鸭。相对于游隼这样的速度型猎手，它的体型太大，没法快速俯冲，更多只能是通过盘旋观察驱赶出鸭群里的老弱病残，再通过巨大的力量重点捕获。更多的时候，我遇到它时它正在水边吃鱼，也许捕鱼对它来说要更为熟练。

这只白尾海雕的出现与停留，证明即使如此凶猛的大型猛禽也可能在城市中生存。

（邹滔／文）

愿你住在你的"山"
喜乐自在 ›››

游隼 Luke/ 摄

中文名：游隼
学名：*Falco peregrinus*
拼音：yóu sǔn
分类：隼形目 隼科
IUCN 红色名录等级：LC

2020 年 10 月底的一个周日，正好是成都第七届观鸟赛日。大师们都去参加比赛了，作为龙泉山猛禽迁徙监测志愿小组的新成员，怀着好好数一把的心情，我们一家三口激动地上了龙泉山。运气不好，山上一直云雾缭绕，这种天气不太利于猛禽迁飞，我们也没有太多活可干。正当百无聊赖之时，观鸟赛前线传来消息：

"上货了！游隼。"

"环球中心上方，两只，一只盘旋够高度，向西飞了，一只刚起飞，正在环球中心上面盘！"

"这两只游隼会不会是环球中心的长期住户？"

哇，住在环球中心的游隼，太酷了！印象中只在纪录片中见过的画面，也许就在我们身边上演。

疫情之后，我和先生开始和孩子一起学习观鸟，一家人没有悬念地爱上了这项活动。在欣赏了龙泉山猛禽秋季迁徙的壮丽景象后，我更是久久不能忘怀，上班路上买菜途中，时不时都会仰望天空。在城里，天气晴好时不难看到鸟儿们的身影。我见到次数最多的猛禽就是普通鵟了，但游隼还无缘遇见。后来家住南门的队友，在环球中心又记录到了游隼，证明环球中心可能真的有猛禽居住。游隼是广布全球的鸟类之一，偏好有制高点的旷野，少数个体非常适应城市，会栖息于高楼大厦的突缘。对于游隼来说，环球中心在它们眼中也许就是一座大山。因此大家决定取环球中心（Global Center）的英文名首字母管它们叫 G 和 C。

也许是念念不忘必有回响，11 月中下旬，每个周日我和先生需要陪同孩子到南门参加一个公益活动，其间有两个小时的等待时间，正好有机会去偶遇环球中心的游隼了。那天如成都大部分的冬日，是灰暗调的阴天，我们先去锦城湖公园逛了一圈。湖面上远远看到几只小䴙䴘在游荡，凛冽的湖风吹过，显得更加清冷，我下意识地拉高了领口。就在这时，乡野走廊的老师们带着一群孩子走来，他们正在做自然观察。"看，天上是什么？"先生提醒我。我举起望远镜，几乎同时听到那边传来声音："鵟，是普通鵟，大家看它的腕斑……"它飞得不太高，在离我们头顶不远的上空盘旋了几圈，消失在了树林的尽头。大冷天里和这样一群热爱自然的人同看一只猛禽，让我感到温暖和力量。不由想起蕾切尔·卡森散文集《惊奇之心》中的一句话："我们所分享的自然，有狂风暴雨也有风和日丽，有白昼也有黑夜。而这些经历，是基于乐趣的共享，而不是单向的施教。"

锦城湖公园东侧正对着环球中心西侧，隔着益州大道，我知道猛禽喜欢站在最高处，就直接用肉眼扫了一遍环球中心顶部的弧形边缘。在靠近最左侧的尖角处，我发现有个小黑点，如果不是有意识地寻找，

游隼头部有明显的黑色髭纹，胸浅色，腹部和尾巴下覆羽密布黑色横纹

几乎不会发现它。用望远镜对过去，它背对着我们站立着，头部有明显的黑色鬃纹，像戴了个摩托头盔，背部上体是灰蓝色的，辨识度还是很高。它真的要留在环球中心过冬了。我们观察了大约20分钟，它就这样站在这个庞大建筑的一角，偶尔也会调整一下站姿，但始终保持着机警的状态，最后张开翅膀往北飞走了，先生用长焦镜头定格下了它略显孤独的背影。

又过了两周，车行至离环球中心不远处，一个两翼尖长的身影，低空快速从一旁滑翔而过，是它吗？停好车，我们迅速冲到路边望向环球顶部——不是它，是它们。两只游隼并排着站在一起，背部都是灰蓝色的，这说明它们都是成鸟（幼鸟的背部是褐色的）。仔细观察，不难发现它们体型大小的差异，体型大的是雌鸟，体型小的是雄鸟，这是猛禽跟其他鸟类不同的性二型特征。终于见到同框的 G 和 C 了，这让我们很兴奋。穿过益州大道，我们到达环球"大山"脚下，仰望"山巅"，站在尖角上的雌鸟突然张开翅膀，像要起飞，它浅色的上胸，以及密布黑色横纹的腹部和尾下覆羽都展露出来，它没有飞走，只是和雄鸟调换了下位置。在我们观察的过程中，它们之间一直保持着对视、交换位置这样的互动。

马上就要冬至了，心里总是惦记着 G 和 C，天依然阴着，冷是真的冷，但我们还是来了。想想 G 和 C 似乎特别关照我们，从来没有让我们扑空过。还是环球中心那个弧形的边缘，这次它们站在了靠中间的位置。咦，今天似乎有点不同，不像往常那样单纯地站着。雌鸟脚下踩着什么东西，还不停地用喙去啄，上望远镜一看，哇，羽毛飞扬，原来是抓到猎物了，是一只鸟，雌鸟正在拔毛，而雄鸟在一旁站着，四下张望，特别警觉的样子，像在放哨。过了一会儿，雌鸟半个身子退到了边缘里面，开始进食。之后雄鸟走到雌鸟身边，雌鸟跳起来挪开一定距离，雄鸟又开始进食，整个过程 G 和 C 配合堪称默契。我们结合动作可以判断出它们在做什么，但由于距离太远，超出了双筒和长焦能够看清楚细节的范围，因此无法得知它们到底捕获了什么鸟。

当我们观察得越久，越发觉得环球中心就像一座大山，我们在远远地眺望站在"山巅"的猛禽，它们可能也在打量着我们的世界，并且不断适应着城市的生活。这个冬天时常抬头，知道它们在这座城市生活得很好，就让我们满心欢喜了。而春天它们是会继续留在这里，还是会飞越龙泉山去往遥远的北方呢？

（管弦／文）

鸳月争辉 〉〉〉

普通鵟 邹滔/摄

每年春秋两季，成千上万的候鸟飞越神州大地，沿着相对固定的路线，在越冬区和繁殖区之间进行长距离的往返迁徙，构成了这个蓝色星球最奇特的生命景观之一。尽管 2020 年人类社会经历了一场罕见的新冠病毒的肆虐，然而，史诗般的候鸟迁徙，却如太阳照常升

中文名：普通鵟
学名：*Buteo japonicus*
拼音：pǔ tōng kuáng
分类：鹰形目 鹰科
IUCN 红色名录等级：LC

迁徙中的普通鵟—龙泉山长松寺　邹滔 / 摄

鵟月争辉　何亚宁／摄

　　起，似水东流，这场候鸟与季节的约会亘古不变。

　　猛禽，鸟中的王者，翅强善飞，视觉发达，多处于食物链的上层，是维系生态平衡不可或缺的重要角色。猛禽展开双翅在空中盘旋以及捕食时的俯冲，都给人以庄严、迅猛、强悍之感，常常成为做事霸气的代名词；而其朴实无华的羽色，恰应和了做人低调的谦逊，使得人们对猛禽有种莫名的好感。

　　成都平原处在世界猛禽迁徙的一条重要通道"东亚—澳大利亚迁徙路线"上，呈南北走向的西部龙门山脉和东部龙泉山脉，是许多猛禽春秋两季迁徙飞越四川盆地的必经之路。从 2020 年春季开始，在成

都观鸟会的组织下，首批志愿者加入成都市龙泉山脉猛禽迁徙的定点调查活动中，在 2020 年春秋两季取得了丰富的监测数据。

　　2021 年的春季猛禽迁徙调查在惊蛰之后又拉开了帷幕。3 月 23 日，天空多云，下午逐渐放晴，这是最适宜猛禽迁徙的好天气。在海拔 1010 米的龙泉山森林公园山脊，我与几名志愿者记录着迁徙猛禽的数量与种类。到 18 点 30 分，我们已记录了包括 2 只乌雕、1 只鹗、2 只灰面鵟鹰、2 只苍鹰、约 210 只普通鵟等各类猛禽飞越山脊。夕阳西下，月亮悄悄地爬上了山脊，大家也准备收拾器材下山了。突然，不远处又有一群正在迁徙的普通鵟向着我们所在的山脊飞来，它们乘着热气流呈螺旋状盘旋攀升，形成层积的柱状结构，看上去就像天神的拐杖。这根鹰柱从山脚缓缓升起，从我的视角望去，似乎正逐步"接近"刚刚爬上山脊的月亮。我紧紧地盯住相机取景框，实时追踪着鹰柱中每一只最可能"靠近"月亮的猛禽。当照片中的这只普通鵟展开双翼迎着夕阳，仿佛要与月争辉的一瞬间，我实时按下了快门，用高速连拍的方式，记录下了这终生难忘的鹰月同框的罕见画面。

（何亚宁／文）

从戴珍女士的观鸟笔记
看百年来成都市区及其
周边平原地区的环境变化 〉〉〉

在华西坝观鸟　沈尤／摄

　　成都可以说是我国大陆观鸟的发源地之一。

　　1916 年，来自美国的珍·鲍尔德斯顿女士来到成都，后来与戴谦和先生结婚，并随夫姓取中文名作戴珍。此后，戴珍女士以位于华西坝校园内的家为中心，在方圆十余千米的区域内，仔细观察记录所见到的鸟类，并一直坚持到 1949 年离开成都为止。1969 年，她在香港《崇基学报》上发表了《1916—1949：四川成都观鸟札记》，为我们今天研究100年来成都市区及其周边平原地区的鸟类变化提供了宝贵的素材。

时至今日，再来翻读戴珍女士的观鸟笔记，似乎还可以望见那个无论春夏秋冬都在华西坝附近流连徘徊的身影。字里行间还仿佛能看到冬天里枝头呼朋引伴的灰椋鸟，依稀能够辨出夏夜中普通夜鹰的啼鸣。

白驹过隙，戴珍女士定居成都已是百年往事。从她来到成都起的一个多世纪里，随着城市化的不断推进，成都发生了翻天覆地的变化。现在的成都，高楼鳞次栉比，街头车辆络绎不绝，城市规模急剧扩张，这个常住人口超过1600万的美丽城市释放出蓬勃的能量。

在众多变化之间，我们也注意到，与我们人类共享这座城市的鸟儿，也变了。作为生态环境的重要指标之一，鸟类的变化或许能够告诉我们，在这近一个世纪中，成都的环境究竟发生了怎样的改变？

在戴珍女士发表的《1916—1949：四川成都观鸟札记》中，共记录到鸟类103种，分属12目，18科，8个亚科。结合近年来我个人在成都的观鸟记录，并参照成都观鸟会编订的《成都鸟类名录》，我发现，戴珍女士当年记录到的一些常见鸟，如秃鼻乌鸦、白颈鸦、栗苇鳱、灰头绿啄木鸟、棕扇尾莺、鹰鹃等，如今在成都市区及其周边平原地区已经罕见甚至绝迹；而另外一些当年比较罕见的鸟儿，如金翅雀、夜鹭等，如今已是这座城市的常客，几乎随处可见。

到底是什么原因导致了这些变化呢？通过对这些鸟类的适生环

境和生活习性的分析，大致可以归纳为以下四个方面的因素。

　　一是栖息环境的改变。伴随着城市人口的不断增长，需要利用和消耗越来越多的自然空间和资源，进而威胁到生物多样性乃至生态系统的稳定。成都地区丰富的鸟类多样性也面临着如生境破坏、生境破碎化和人类过度开发等因素的威胁。100 年前成都及周围有除海洋、热带森林、山区以外的生境，可供鸟类生存的环境十分丰富。而普通鸻、灰头绿啄木鸟、鹰鹃等鸟类的适宜生境是天然树林，这些鸟类由常见变为罕见，说明成都市区及其周边平原地区的天然树林已大大减少。事实也正是如此，现在成都市区几乎已没有天然树林，不再适合这些鸟类生存。栗苇鳽、棕扇尾莺等鸟类喜居稻田、芦苇，而这些鸟数量下降，说明稻田、芦苇也在减少。金翅雀、白腰文鸟、树麻雀、白颊噪鹛、鸲鹟喜好灌丛，成都市区仍有很多灌丛，适合它们生存，因此还能见到。

在川大繁殖的小䴙䴘　沈尤／摄

珠颈斑鸠　沈尤 / 摄

　　二是食物条件发生了改变。鸟类对食物十分挑剔，不同的鸟类喜爱不同的食物，因此某种鸟类经常活动的地方一般都有适合于它的食物，像秃鼻乌鸦、白颈鸦这些鸦科鸟类常以人类的生活垃圾为食。100 年前，成都的垃圾丢弃地点不受限制，人类垃圾往往随处可见，十分利于这些鸦科鸟类生存，而如今城市垃圾集中处置，可供这些鸦科鸟类觅食的垃圾已经很少了，因此它们在成都市区现已濒临绝迹。

　　三是人为干扰变得更为普遍。人口、交通工具的大规模增长使人为干扰、噪音等比 100 年前严重得多，导致栗苇鳽、鹰鹃、灰头绿啄木鸟、棕扇尾莺、鸲鹟、普通鸭这些对隐蔽、安静等繁殖条件要求高的鸟类面临繁殖地减少、繁殖成功率下降的风险，直接导致种群数量下降。

　　四是鸟类自身的适应能力。整体看来，尽管鸟类数量普遍呈下降趋势，但还是有例外。如夜鹭、金翅雀、白腰文鸟，这些鸟在以前罕见，现在却变得常见，可能是因为其相对更适应现代环境。而树麻雀、白颊噪鹛等鸟类适应力很强，因此能在以前和现在都维持较多的数量。

由此看来，栖息环境改变、食物条件的改变、人为干扰和鸟类自身的适应力是导致成都近百年来大部分鸟类数量变化的根本因素。

尽管近一个世纪以来，成都的环境发生了翻天覆地的变化，但成都依旧是人类以及许多鸟类的宜居城市，像黑喉歌鸲、青头潜鸭、黑喉潜鸟、小天鹅……这些鸟儿在成都的现身，便是最好的例证吧。我们通过鸟儿的变化回望这座城市曾经的变化，也亲历、见证正在发生的变化。

一个世纪以后的成都，又会是怎样的景象呢？

张弘毅 / 文

成都七中高 2019 级学生，成都观鸟会青少部部长昆虫微小，似乎时常被人们忽略，但在成都你定会对种类繁多的昆虫印象深刻。只要人们有一颗好奇而善于观察的心，就会在成都的各个地方邂逅有趣的昆虫：它们可能是翩跹于街头巷尾的蝴蝶，也可能是夜间无意闯入你窗棂的蛾子，更多的时候你会在成都周边的村庄或荒野中遇到它们。昆虫注定是一种可以引起人童年回忆的生灵，它们曾经是孩提时代有趣的玩具和观察对象，第一次观察到萤火虫那荧荧微光带来的惊奇之感，在校园草坪上钓虎甲幼虫的喜悦之情，更有不经意触摸刺蛾后那痛彻心扉的灼辣之感，这些都是昆虫带给孩子们大自然感观体验最直接的实践，而在成都，昆虫也定会留给每个细心观察者无尽的惊喜。

虫子就生活在我们的周围，到处都能看到它们，或停栖在树上，或在空中飞舞，或忙着啃食树叶，或忙着采蜜传粉。它们是自然界中非常很重要的一环，既采食许多其他生物，也是许多动物的食物。

也因为随处可见，我们常把许多不易归类的动物都称为"虫"，但这却并不是我们这里要讨论的虫子，这里我们仅讨论科学分类意义上的昆虫。

在说到虫子时大家往往以是"益虫"还是"害虫"为区分，然而这并不是恒定不变的。"益虫""害虫"概念本身就是一个以人为中心的概念，对不同人来说，一种昆虫常常扮演着不同的角色，而且许多与人并没有很大的关联，反而与一些其他动物关联甚大，因此我们这里不做"益虫""害虫"讨论。

insect

Insect

蝴蝶蹁跹

村里的凤蝶 >>>

碧凤蝶 罗东玮 / 摄

中文名：凤蝶
学名：*Papilionidae* sp.
拼音：fèng dié
分类：鳞翅目 凤蝶科

小时候住在乡村里，最不缺各种虫子，而其中最漂亮的应该就是那些凤蝶了。

家里有几棵大樟树，一到夏天大家都到树下乘凉，头上满树都是青凤蝶在飞舞，大家聊着天，一看就能看一天。青凤蝶是村子里能见到的凤蝶中个头最小的，一身青色碎斑却很醒目，很喜欢在樟树上飞舞，偶尔其中也会混一两只碎斑青凤蝶。但因为树太高，我一直没有见到青凤蝶的幼虫，不过其他几种凤蝶的幼虫倒是经常见到。

屋后种了一棵花椒，是竹叶椒，原本极少有人种的，都是到河边采摘野花椒来用，我在林盘边发现一棵小苗，移到了屋后，已经长到了一人多高，不过平时也结不了多少花椒，只有些清瘦的小颗粒夹在叶腋之间。不过一次突然在上面发现了些大虫子，虫子已经长到了比手指略细，前头几个体节十分膨大，上面两个假眼睛赫红色，仿佛许久未睡半睁了眼睛，一片蓝色碎斑点缀在细线花纹中

| 柑橘凤蝶幼虫 | 碧凤蝶幼虫 |
| 麝凤蝶幼虫 | 金凤蝶幼虫 | 黄科 / 摄 |

柑橘凤蝶　郑良发 / 摄

美凤蝶　郑良发 / 摄

青凤蝶 玉带凤蝶 沈尤/摄

金凤蝶 沈尤/摄

间，就像戴了一顶帽子。不吃食时，它就会将前头微微抬起。不过后来也没看到它何时跑到哪里化蛹去了。

墙边种了一排一串红，我们时常拔出花冠去吸食里面的花蜜。花蜜还会时不时引来玉带凤蝶和美凤蝶，凤蝶们缓缓鼓动着翅膀飞到花朵旁边，突然加快了振翅，伸出长长的口器，停在一串串花朵之前，一朵一朵将它们都吸了个遍。

一次还偶然在柚子树上见到了美凤蝶的蛹，褐灰色，与树皮颜色相似，但其中不少蛹都死掉了，有在化蛹时就僵掉的，大约是被真菌寄生了，也有变成蛹之后寄生蜂从里面钻出来的。我围着几棵树看了一圈，只有两个活着的蛹，内心还感叹成活率也真是不高。

门前种着茴香，茴香上时常有金凤蝶幼虫，也不知它是何时产的卵，见到时都已是大肉虫了。金凤蝶的幼虫颜色十分鲜艳，就像油画，也像一个大号的软糖。

小叔家还有一棵老品种气柑，没怎么结过果，但树长得不错，还颇高，一般是看不见叶子的，但好在种在了楼梯旁边，可以在楼梯上看到树冠，因此夏天时常能在上面见到柑橘凤蝶的幼虫。别看柑橘凤蝶和金凤蝶挺像，但它们的幼虫却差别巨大。柑橘凤蝶的幼虫最初很像鸟粪，身上还有些短短的肉凸，绿褐色上面有两道白色，就像鸟粪中的尿酸，蜕了几次皮以后就逐渐变成了深绿色，稍一碰它还会吐出臭角，就像是蛇吐出了猩红色的信子。后来气柑树没了，柑橘凤蝶也很少见到了。

现在偶尔还能见到麝凤蝶，跟美凤蝶有些类似的配色。有几次还见到了麝凤蝶的幼虫，跟其他几种幼虫差别巨大，背上有许多长长的肉刺，颜色棕黑色，又有许多深浅不一的白条，就像巧克力混入了牛奶一般，不过半透明一样的质感与 QQ 糖真有几分相似。

（黄科／文）

养蝴蝶 〉〉〉

菜粉蝶　郑良发 / 摄

中文名：菜粉蝶
学名：*Pieris rapae*
拼音：cài fěn dié
分类：鳞翅目　粉蝶科　粉蝶属

小时候家里屋檐下有个燕子窝，半个碗形粘在接近屋顶的地方，每年春季它们都会回来，把窝补一补又继续用，到了初夏，一窝小燕子在窝里嗷嗷待哺，我们总会在屋檐下看着。燕子的成鸟飞出去一会儿又回来，这时小燕子个个都张大了嘴巴争食，叫个不停。于是我们一合计就出去收集了很多小虫子，拿个小盒装了，搭了梯子爬到屋檐下，把一盒子虫子一股脑都倒到了燕子窝里，想看小燕子把虫子吃掉，但最后它们也没有吃，虫子四散爬了一屋檐。

后来一天，附近的墙上多了一个绿色的蛹。这个蛹我是认识的，就是菜粉蝶的蛹。当时我们收集的虫子中有许多都是菜粉蝶的幼虫，因为它是最易收集的，只要找到种了几棵卷心菜的菜地，就有大把的幼虫，我们把它称作"菜青虫"，这个名字跟它确实很搭。

记得后来有小伙伴养了董鸡，也是满世界寻找菜青虫作为饵料，站在路上一望，哪边有许多的菜粉蝶在飞舞，就往哪边去，总是有所收获。

菜粉蝶是乡间最常见的蝴蝶了，白色而带黑斑，它们的幼虫只有面条粗细，有点短短的毛，趴在菜叶上疯狂啃食，然后拉出一颗颗绿色的粪便。别看它们爬得慢，但想抓它们还是要拼个眼疾手

东方菜粉蝶　沈尤 / 摄

两只菜粉蝶正在交尾　郑良发/摄

快，叶片稍微一抖动，它们还会滚进叶片间的缝隙或地下草丛中。在卷心菜上除了能抓到幼虫，有时在叶子背面还会有不少蛹，它的蛹与蚕不同，没有丝织成的茧包裹，蛹尾巴粘在菜叶上，胸口还有一根安全绳把它拴起来，碰到它们时，它们的腹部还会扭来扭去。

　　我们有时也会收集一些幼虫和蛹自己养着。幼虫每天给它们一些菜叶子就好，不用过太久它们也就钻到叶子底下化蛹去了。蛹不用吃东西，只是找一个地方放着就好，时机一到它就从壳里钻出来，爬到高点的枝上，展平翅膀，晾干身体。不过能让人见到的很少，大都不知何时就飞走了。

　　现在回想起来才发现，这种小时候在田里漫天飞舞的蝴蝶后来反倒少见了。

（黄科／文）

又看见"蜂鸟"了？！>>>

咖啡透翅天蛾　郑良发／摄

作为一个观鸟者，时常会被人问及中国最小的鸟是哪种，也总会被人抢答是蜂鸟。每到这时不免又要费些口舌，告诉他们中国并没有蜂鸟。

或者有人直接告诉你他看见了蜂鸟，不知道是哪种，甚至还能描述得绘声绘色，嘴有多长，羽毛怎样等，那么他们所见却并非鸟类，而是一类天蛾。

咖啡透翅天蛾就是其中之一，它

中文名：咖啡透翅天蛾
学名：*Cephonodes hylas*
拼音：kā fēi tòu chì tiān é
分类：鳞翅目　天蛾科　透翅
天蛾属

属于蛾类，但和一般在夜间活动的同类不一样，它喜欢白天活动，翅膀上面也与很多其他蛾子不同，没有鳞片，呈透明状，不过它飞行时振翅很快，很难看清楚。它的身体整体呈梭形，有许多鳞毛，就像被羽毛覆盖一样，尤其在腹部末端还有簇生的鳞毛，看起来确实像小鸟的尾巴。

小豆长喙天蛾　郑良发 / 摄

咖啡透翅天蛾　王锋 / 摄

栀子上面的咖啡透翅天蛾幼虫　黄科 / 摄

　　咖啡透翅天蛾遇到喜欢的花时，会长时间在一个地方悬停，利用长喙吸食花蜜，这也是被人见到最多并误认为蜂鸟的场景。因为大家对蜂鸟的执念太深，像咖啡透翅天蛾、小豆长喙天蛾（*Macroglossum stellatarum*）等这类蛾子还会被称为"蜂鸟蛾"或"蜂鸟鹰蛾"。

　　它的幼虫阶段我们还较少见到，由名字可以判断它常以咖啡为食，但成都未见种植咖啡，于是每次见到茜草科的其他植物我也会查看一番。功夫不负有心人，我居然在一丛栀子花中见到了它的身影：肥硕的大绿虫子，有天蛾类幼虫标志性的尾巴，身上第一节的背上有许多黄色疣粒，体侧有一条贯穿身体的白色线条，下面是一排眼斑状的气门。

　　传说咖啡透翅天蛾刚羽化时翅膀上也是有鳞片的，但羽化完成后很快就脱落了。不过因为它是在土中化蛹羽化的，所以鲜有见闻记录。

（黄科 / 文）

被刺蛾蜇了›››

刺蛾　王锋 / 摄

中文名：刺蛾
学名：*Limacodidae* sp.
拼音：cì é
分类：鳞翅目　刺蛾科

一个周末，突然收到一条微信"紧急求助"，打开看到两张图片，一条毛毛虫，一只长包的手，说是在农家乐爬树时被这条毛毛虫蜇了，手臂都麻了，不知道有没有事。

我吓唬他说"中毒了"，告诉他去找肥皂洗患处。看到他慌张的回复，我忍不住笑，解释这是中了"酸性"的毒，要找"碱"来中和，便能缓解"毒入骨髓"的痛感。至于农家乐好心奶奶给涂的药膏，大抵是没有用的。

因为这是位一直对博物很有兴趣的朋友，想着他应该还是惦记着到底刺了他的是什么种类的毛毛虫，我便一边调侃着他的"熊孩子"行径，一边试着查找种名。目测只能判断出这种毛毛虫属于刺蛾科，于是根据地理信息判断，在做园林绿化的论文里找到了——茶树桑褐刺蛾。"熊孩子"爬的柿子树，正好是它的主要寄主之一。

看网上的信息，上海市把这种刺蛾作为园林害虫进行防治，但没查到具体的毒性，更不用说针对性的解法了。所幸在农家乐成功借到肥皂的"熊孩子"，还是通过酸碱中和让那种难以忍受的痛感有所缓解了。

我大抵能领会这种"中毒"的感受，虽然我并没有被刺蛾或其他的毛毛虫蜇过，但我在另一种植物身上感受过这种"化学攻击"。四川人把这种植物叫"火麻"，植物学里荨麻科的很多种都生着刺毛，一旦被蜇，痛痒难当。我没有认真去辨认过种属，前辈曾指着一种常见的说是蝎子草。我第一次被蜇是在众人的千叮咛万嘱咐之下，一个大意，被蜇了后腰，当下就嚷着"生化武器啊""绝对不是单纯的物理攻击啊，是化学攻击啊"，同伴们还用眼神嫌我夸张，并说：四川人都被蜇过。我也是为了证明我的感受是正确的，才去查证了确实是含有酸性物质并知道了"解毒之法"——"刺毛的毒液成分复杂，含有一种特殊的酶和蚁酸、醋酸、酪酸以及含氮的酸性物质。人和牲畜受刺毛刺伤，可用稀释的肥皂水或氨水等碱性溶液擦洗解毒。"

黄师傅曾说，被蜇多了，就没那么疼了。可我隔了一年多不小心又肉测了一下，并没有觉得痛感有所减弱，因此觉得这个多被蜇增强免疫的解毒方法并不靠谱。即便真能通过持续刺激达到类似生成"抗体"的效果，这过程也太痛苦了。

刺蛾　王锋 / 摄

　　至于其他解毒方法，黄师傅还提到一个"土法"——被哪只虫
蜇了，便把那只虫的内脏涂抹于患处。还说手掌的角质层厚，不会
被蜇到。后来听到他那个之前做昆虫研究的同事也说导师都是这么
教的。他们试着说了些"道理"，可不论如何，我还是接受不了。
且不说这种开膛破肚的画面冲击力度过大，毕竟虫儿蜇你并非有意
攻击，而是出于自我防御，你有意或无意被它伤，还"取虫内脏"，
是不是有点儿太霸道了？

　　以前，看过一个科普课件，说了三类有毒的毛毛虫，除此之
外，便都人畜无害了。刺蛾幼虫是其一，余下是枯叶蛾幼虫和毒蛾
幼虫。那个课程的精华在于告诉你一个完美地规避风险的方法——
当你不确定哪个毛毛虫有没有毒的时候，让别人先摸摸。我觉得按
照我的贴心习惯，会提醒"带着肥皂"。后来又看被胡蜂蜇是需要
用酸去中和碱，便觉得去野外必备的物品中还应该要加一瓶可乐。

（李黎 / 文）

目夜蛾:
中国太极图的猜想 ›››

目夜蛾　沈尤/摄

中文名：目夜蛾
科名：*Noctuidae*
拼音：mù yè é
分类：鳞翅目　夜蛾科

崇州和大邑交界的金阳水库是个中小型的丘陵地区水库，库区周围留有林地，也有一定面积的农田。因有山有水，植被也还不错，且住户并不太多，这一带相对显得安静而自然，就成了我们常去的观鸟寻花问虫之所。许多年下来，虽然没有特别惊艳的发现，但差翅亚目的各种蜻蜓和鳞翅目的各类蝶和蛾倒是看了不少，印象最深刻的当属 2009 年 8 月 8 日在水库边南瓜地里看到的旋目夜蛾（*Speiredonia retorta*）。

记得当时大约下午 3 点的样子，我正从大溪沟的尾水溪边走到对面种南瓜的坡地，四处张望着寻找虫子，这时候一只略显浅白的蛾子撞入眼帘，其翅膀上旋涡状的眼斑吸引了我的目光。仔细一看，黑色旋涡与浅白色旋涡缠绕在一起，除了没有中间那两个黑白鱼眼，活脱脱就是一幅天然太极图！

目夜蛾　沈尤/摄

半个月后的 8 月 23 日，我又在天台山的丛林中看到了另外一种同样具有天然太极图图案的白边魔目夜蛾（*Erebus albicincta obscurata*），而且白边魔目夜蛾的"太极"眼斑看起来更加的完美。我们知道大多数昆虫的眼斑主要起惊吓天敌的作用，但眼斑长成太极图的样子实在让人叹为观止。连续两次看到天然的太极图，引起了我的极大兴趣，不禁想，目夜蛾身上的眼斑与太极图有没有关联呢？

　　于是我开始查找资料，了解到我们今天熟悉的太极图据传源自五代宋初著名道教学者陈抟，后流传到周敦颐时，经周敦颐之手成了我们今天看到的模样。而根据陈抟的生平记载，他有一段很长的时期是在邛崃天庆观和峨眉山修道，太极图正是创绘于其留驻峨眉山时期。打开四川地图不难看到，从邛崃天台山到峨眉山之间的一个区域，还有鹤鸣山、青城山、瓦屋山等重要的道教圣地，而这一区域也正是目夜蛾频繁出没的区域。结合道教人士的修行方式，完全可以猜测，在道教人士的仰观俯察中，目夜蛾或许给予了创绘太极图的图形参考和启示，或者在太极图相继流传并不断完善的过程中起到了一定的作用。

　　2016 年 9 月 16 日，我再一次在金阳水库不远的富强村林地发现旋目夜蛾，冥冥中似有某种声音在叙说：融入自然、学习自然或许就是道法自然的真谛之一。

（沈尤 / 文）

蝴蝶奇遇记 ›››

黄钩蛱蝶　林晨 / 摄

中文名：黄钩蛱蝶
学名：*Polygonia c-aureum*
拼音：huáng gōu jiá dié
分类：鳞翅目　蛱蝶科　钩蛱蝶属

自然之美，留心可得。

儿时向往蝴蝶的色彩和姿态，却因种种原因对其拒之千里，成年后偶然机会接触到蝴蝶，终于弥补遗憾。

成都生态环境日渐向好，在市内就能发现多种在阳光下翩翩起舞的蝴蝶，观察它们不仅给孩童带来乐趣，还是成人亲近美好、逃离压力的方式。蛱蝶的翅膀形态各异，花纹和配色也是大自然的鬼斧神工。第一次发现白带螯蛱蝶（*Charaxes bernardus*）是在西三环外一片格桑花地，它翅膀孔武有力，飞行速度很快且非常警觉，不会长时间停在花瓣上吸食花蜜。

黄豆粉蝶　郑良发 / 摄

碎斑青凤蝶　林晨 / 摄

带螯蛱蝶　林晨 / 摄

玉带凤蝶　林晨 / 摄

黄钩蛱蝶　郑良发 / 摄　　　　　　玉带凤蝶　林晨 / 摄

　　我有时自豪地说："成都啥子蝴蝶都有！"这当然有点夸大其词，实际上蝴蝶种类和习性因不同海拔和地理环境呈现较大差异；我的激动不过是在看到了由玉带凤蝶、碎斑青凤蝶、黄钩蛱蝶、橙黄豆粉蝶（*Colias fieldii*）等构成的多姿多彩的蝴蝶世界后的有感而发罢了。

　　玉带凤蝶，传说是梁山伯和祝英台的化身，一般是雌雄异型，还有特殊的拟雄型，可从翅膀花纹颜色明显区分性别，在吸水和花蜜的时候特别容易放松警惕成为猎物。春夏季，当我们漫步市内，发现一对玉带凤蝶在花草丛中飞舞，既可以回味一下跨越历史的传统浪漫故事，同时也能体会生态之美。

（林晨 / 文）

Insect

儿时趣虫

伪装者：
黑带食蚜蝇 >>>

黑带食蚜蝇　王锋／摄

中文名：黑带食蚜蝇
学名：*Episyrphus balteatus*
拼音：hēi dài shí yá yíng
分类：双翅目 食蚜蝇科
　　　黑带食蚜蝇属

近来无事时我常会到周边新修的公园逛一逛，这里还能保留部分荒地，野趣多了不少，不似城市中间的公园，被清理得干干净净，一水的草坪。在深秋时节难得一见的好天气里，总能见到公园游人如织，这也是成都的特色，尽管这还是一座新修的公园，也能见到大家扶老携幼的身影。

我正走着，不远处一对母子吸引了我的注意力，母子俩突然停下了快走的脚步，一边观赏路边盛开的鲜花，一边感叹着花朵的美艳，正看着突然大叫一声："有蜜蜂！"然后跑开了，继续他们的旅程。

　　我慢慢走近，那艳丽的颜色是在秋日的公园里很少见到的，这是一丛盛开着的打破碗花花，难怪那对母子为之驻足。粉紫色的花朵高举着，又娇羞地低下了头，城里已极难见到。我正准备拍一张照，突然从一朵低垂的花下飞出一只小虫，是食蚜蝇，大概就是他们大叫的"蜜蜂"了，这也是许多人看到食蚜蝇时经常会闹的笑话。它并不在意出现在花朵周围的我，自顾自地飞到了另一朵花中停了下

模拟蜜蜂的灰带管食蚜蝇　黄科 / 摄

来，这让我有机会看清楚它的样子，是一只黑带食蚜蝇。花朵中鲜黄的雄蕊对它很有吸引力，它总在其中摸索，浑身沾满了花粉。

　　黑带食蚜蝇是成都最常见的食蚜蝇之一，它黄色的身躯上又有许多黑色条带，与大家印象之中的蜜蜂确实有几分相似。这种情况常被我们称为拟态，而黑带食蚜蝇正是在拟态蜂类，蜂类大多是具有蜇人毒刺的社会性昆虫，能很好地防御天敌，因此食蚜蝇通过模

打破碗花花下的食蚜蝇　黄科／摄

类似风格的斑眼食蚜蝇　黄科／摄

拟它们来威慑其他动物，当人们大叫有蜜蜂时，它已经达到了目的。不过它和蜜蜂还是有许多不同，其中最大的差别就是黑带食蚜蝇只有 1 对翅膀，而蜜蜂有 2 对；黑带食蚜蝇复眼很大，几乎占掉了头部的三分之二面积，而蜜蜂的就要小得多。

　　不过虽然叫食蚜蝇，但它停留在花上并不是为了吃蚜虫。它的幼虫阶段以蚜虫为食，是许多地方生物防治蚜虫时使用的天敌动物，而它的成虫以花蜜为食，是最常见的访花昆虫之一，能帮助许多植物传粉，这株打破碗花花就是它取食的植物之一。

（黄科／文）

胡蜂：掉了个东西 〉〉〉

胡蜂　韩震 / 摄

中文名：胡蜂
科名：*Vespidae*
拼音：hú fēng
分类：膜翅目　胡蜂科

以前我在门口种了一棵金银花，每到花开时香气弥漫，让人陶醉。为了让它能够铺得更远，我用线把它新发的枝条都牵引到四周，在门口顶上织了一张网，每天盼着它们长满那张网，开满金银花。不过鲜嫩的枝条总是引来许多虫子觊觎，天蛾幼虫就是其中之一，它们的食量很大，一个嫩尖很快就能啃个精光，虽然我时常去看，但它们也是神出鬼没，加上枝繁叶茂很难发现。

　　一日放学归来，正走在网下，突然就听"啪"的一声，一个东西掉了下来。走近一看，是一只肥硕的天蛾幼虫，它在地上稍微扭动了一下便不动了。我正看着，突然听到了飞行振翅的声音，抬头一看，正是一只胡蜂朝着这边落下来，我赶忙躲到一边。我们乡里称胡蜂为马蜂，它体型很大，据说毒性很强，还一直流传着蛰死过人的传说，大人都会告诫小朋友要远离。只见它停靠在天蛾幼虫的身边，开始用有力的大腭切割幼虫的身体，很快就切下来一块飞走了。之后它又往返了七八次，直至幼虫只剩下了一条才吃进去。从那以后我时常见到它在林间巡视，或捉个幼虫，或钳只蜜蜂，盆里的十大功劳开花时还会到花下偷吸花蜜。

胡蜂　王进/摄

胡蜂　韩震/摄

　　虽然时常见到它，但却并没有见到它的巢。直到后来在河边捡到了一块它的弃巢碎片才看清楚，里面是像高楼一样一层层的蜂房，外面则是一层凹凸不平的壳包着，壳上每个凸起都有贝壳那样一圈一圈的花纹，仔细看这细细的纤维形成的巢，颜色和质地都像干掉的牛粪。

　　当时屋后还堆了一些木材，都是田埂上砍回来的，一放放了很久，有的都朽坏了。那里也时常见到胡蜂进进出出，起初我以为它也是往那里捉虫子的——原本家里养过土元，之后没有养了，它们就时常在那里活动，里面还有不少鼠妇之类的小虫子。但后来才发现胡蜂就是奔着木材去的，它时常爬到有断口的地方，啃起木头来。啃一会儿又飞走，过会儿又回来，大约就是拿去筑巢了。

（黄科/文）

童年养蚕记 ›››

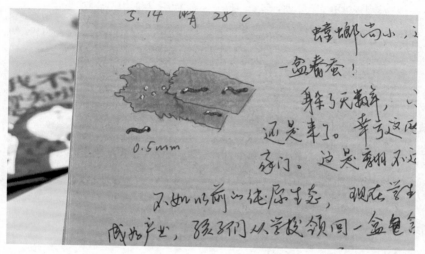

养蚕记录　洪燕 / 图

中文名：蚕
学名：*Bombyx mori*
拼音：cán
分类：鳞翅目　蚕蛾科

　　小学时正赶上合校，班里一下多了很多人，而且不止是人多了，大家带来的新奇玩意儿也多了。一天一个同学带来了一张纸，纸上整齐地排列着许多小颗粒，我们都好奇是什么，于是凑了上去，方知原来那就是蚕种。在打听了一阵之后，我也分到了一小片纸，于是兴高采烈地带回了家。当时天气还没有暖，我就在做作业时把纸片放在了烤手的台灯旁，期盼着蚕宝宝能早些出生。

没过几天，卵却瘪了下去。我连忙拿去给同学看，原来被我烤干了，正在懊恼，同学又给了我一张，还嘱咐，放在阴凉处就好，等到天气暖和了自然就会出来。

从此以后我天天盼着天气暖，每每路过沟边的桑树都要去望一眼有没有发芽。

蚕宝宝终于孵化了，是一个个黑黝黝的小不点，就像一点点的线头，还把卵壳啃出了一个大窟窿。我连忙去找了些鲜嫩的桑叶，放在上头，不一会儿它们就爬上去了，开始愉快地享用。没几天黑色的外皮就蜕了下来，变得白净了。

起初每天几片嫩叶就够它们吃，之后桑叶越发不够了。同时班里的养蚕事业也大规模发展起来，大家都在寻找嫩叶来源。于是我

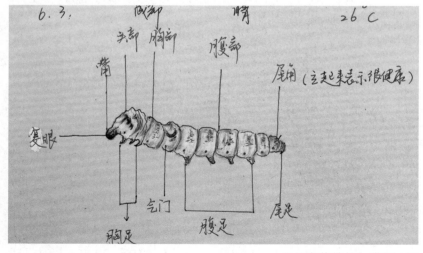

蚕的身体结构　洪燕 / 图

一龄蚕啃食的桑叶
洪燕 / 图

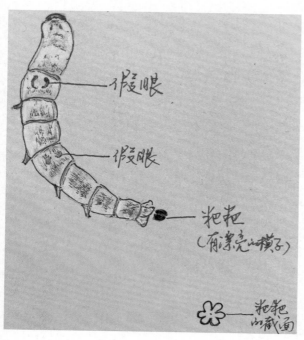

假眼

假眼

粑粑
（有漂亮的横子）

粑粑
山截面

蚕的假眠　洪燕 / 图

放了学就到田间四处溜达，寻找桑叶。终于在一个僻静的角落发现了一棵小树，是专门养蚕的桑树，叶片宽大，不怎么结果，听说是很早以前养蚕留下的。这下子大家的桑叶也都有了着落。

蚕越来越大，我也给它们换了个大簸箕，天气晴好时就放在屋檐下。很快有的蚕开始变得躁动，父亲说蚕变得亮了，是要结茧了。于是我拿来一把油菜秸秆放在簸箕里，它们真就爬了上去开始结茧。

但簸箕里也多出来一些其他动物的蛹，看起来就像蛆虫，让没有结茧的蚕损失惨重，纷纷枯萎。我的心里也有了大大的疑惑：蚕怎么了？

有了第一次养蚕的经验，第二次时我就坐在旁边观察，原来时不时会有些苍蝇飞到簸箕边，这蹭蹭那摸摸。当它们走后再去看被摸过的蚕就会发现蚕的身上多了一个白色的小颗粒，颗粒很小，不仔细看很容易忽略，这应该就是苍蝇的卵了。于是我连忙去把卵抠下来，卵粘得很紧，蚕又扭来扭去，实在不好操作。就在我给所有的蚕进行体检的时候，发现有的卵已经孵化了，卵旁边蚕雪白的外皮上多了一个半透明的小点，大概就是幼虫已经钻进去了。而蚕还像没事儿一样照常吃着桑叶。

后来才知道原来这些苍蝇便是寄蝇，有很多种类，养蚕时很常见的一类"害虫"，它们的幼虫孵化后会钻到快要成熟的大蚕的体内，以获得营养，等到蚕开始结茧了再钻出蚕的身体，钻到底下的枯叶里化蛹。

（洪燕／文）

蛛蜂: 僵尸制作者 >>>

蛛蜂　黄科 / 摄

中文名：蛛蜂
科名：*Pompilidae*
拼音：zhū fēng
分类：膜翅目　蛛蜂科

周末的田野总是大家撒欢的地方，之前田中间常有口机井，是每年夏天种水稻时灌溉用的。机井旁边是一个小房子，原本是储存抽水设备和设蒸锅给谷种催芽的地方。房子后面是口沉井，总是在用水高峰时和机井配合使用。沉井很宽很深，大家时常会将清除的一些杂草扔到里面，久了就会在中间形成一座浮岛，不过一旦要用水，杂草就会被打捞干净。这时沉井就会被很多小孩当作跳水游泳的场所，小房子的屋顶就是最佳的跳台。

有一天，我跟着大家前往沉井，路过小房子时见到一只大蜂拖着一只大蜘蛛，它拉着蜘蛛的一条腿，蜘蛛就缓缓地跟着，正走到路中间。因为我们一群人路过惊扰，它一下飞走了。不过当我们回来时蜘蛛却不见了。那是一只白额高脚蛛（*heteropoda venatoria*），已经有酒杯口大小，大蜂竟然能够牵着它走，我觉得很神奇。后来才知道那大概是蜘蛛被蜂制作成僵尸了，要用来产卵，不过却再也没有见到过那种蛛蜂了。

类似的事情后来时常见到，但蜂都更小了。一次在竹林里见到有只蜘蛛爬在叶子上，正准备捕猎，但它的形状却很是奇怪，只有 4 条腿了。我正在诧异它是怎么丢掉了几条腿的，就见到一只小的蛛蜂飞了过来，四下寻觅，蜘蛛见状连忙躲到了叶后。过了一会儿，小蛛蜂不知从哪拖了一只小蜘蛛出来，蜘蛛的腿都没了，只剩一个葫芦形的躯干。小蛛蜂拖得很吃力，在地上飞飞停停，许久也没能走出多远。还有一次路过一棵树，树皮微微片状翘起，正好一只蛛蜂在上面寻找合适的位置，它拖着一只没腿的蜘蛛在树皮间钻来钻去，最后放在了两米来高处的一块树皮下边，就又飞出去寻找新的目标去了。

（黄科／文）

钓驼背子——虎甲 ›››

虎甲　王锋／摄

中文名：虎甲（驼背子）
学名：*Cicindelidae*
拼音：hǔ jiǎ（tuó bèi zǐ）
分类：鞘翅目　虎甲科

小学合校之前，学校操场就是一片草地，说是草地，可跟现在公园的草地不同，而是真正的杂草地。草地上东一块西一片长了许多草，足足有半米高，大家就在草丛中走出来的小路上来回。每到下课有几个游戏是必不可少的，其一就是"打官司"，大家在草丛里面寻寻觅觅，找到自己最心仪的那根"官司草"，打个结，相互比拼官司草的韧性，当然这之中还有不少技巧。而普遍选用的官司草就是牛筋草，这个名字听起来韧性就超强。

　　牛筋草还有另一个妙用，那就是用来钓驼背子。驼背子是虎甲的幼虫，身体中段有个凸起，于是小孩儿都称它驼背子。要想钓到驼背子，首先得寻找到它的洞穴。在操场上就有许多，看似被踩得很坚硬的地上却有许多小孔，那些小孔就是它的洞穴，尤其在草丛附近最多，大大小小星罗棋布。驼背子的头奇大，身子一直躲在洞里，只把头伸到洞口堵住，遇到来往的小虫就能一口咬住拖进洞去，一旦看到有人经过或是风吹草动也会迅速缩回洞穴，很难见到。不过即便有许多洞穴，也不是每个洞穴里都住着驼背子。大家就拿一截牛筋草的秆子伸到洞里，然后屏气凝神细心观察，看草秆子是否动了。对于进到它洞里的异物，驼背子会咬着它送出来。一旦见到草秆子被送出来一截了，就要迅速拔出，趁驼背子还没来得

虎甲幼虫和它的洞穴　黄科／摄

虎甲　黄科／摄

及松口就把它从洞里带出来。玩一阵又把它放回洞去。

　　一次我正穿过操场去厕所，突然草丛之间闪出一只鸟，飞着就像一只大花蝴蝶，头上还有个羽冠，是一只戴胜，被我惊飞后它又落到了另一团草边。我悄悄跟着它观察，发现原来不止我们钓驼背子，它也正在用细长的嘴快速地戳进那些洞去，边走边戳，捉到了就一下吞了。

　　现在想来那片草坪还真是神奇。

（黄科／文）

儿时趣虫　　311
🐛 Insect

红蜻蜓：
盛夏的自由精灵 〉〉〉

盛夏时光的红蜻　罗冬玮 / 摄

中文名：猩红蜻蜓
学名：*Crocothemis servilia*
拼音：xīng hóng qīng tíng
分类：蜻蜓目　蜻科

在我童年的记忆里，每日去上小学的路上，总要路过一片水稻田。夏季的水田里长满了绿油油的水稻，微风吹拂，纤长的稻叶摇曳舞动，在阳光照耀下闪闪发光。此时的水田上方，总有一些红色的蜻蜓，身姿灵动，时而穿梭在水稻间，时而又停歇在稻叶上。年幼的我常常望着那些红蜻蜓，想象自己是其中一员，在一片绿色的世界里愉快地玩耍。

　　汪曾祺在散文《夏天的昆虫》中，也提到了家乡的 4 种蜻蜓，其中就有"红蜻蜓"，并颇有兴致地介绍了如何抓蜻蜓，看来老先生对童年的趣事还是津津乐道啊！我也一样，小时候看到停歇的蜻蜓，就会忍不住想要挑战一下身手敏捷的它们。当蜻蜓停下来，我

猩红蜻蜓　沈尤 / 摄

猩红蜻蜓　沈尤 / 摄

　　就小心翼翼地挪动身体靠近，为了避免弄坏它们的翅膀，缓缓地伸
出双手，找准时机以最快的速度握住它们的双翅。虽然只能偶尔成
功，但即使抓不到也要和蜻蜓赛个跑，阳光下挥洒的汗水和欢声笑
语就是童年时光对蜻蜓最美好的回忆。

　　到后来参加野外观察时，常常看到蜻蜓在空中成团飞舞的场景，
其中就有我小时候常见到的红蜻蜓，通体红色，翅膀透明，其中还
夹杂着一些黄色蜻蜓。我起初还以为这是两种蜻蜓，后来查阅资料
得知，这两种颜色的蜻蜓其实都是一种蜻蜓——红蜻：红蜻的雄性
是红色，而雌性是黄色。然而并不是所有红色的蜻蜓就一定是红蜻，
如果除了大片的红色以外还有其他颜色，也可能是其他种的赤蜻。

如果像我一样见到了不同两色的蜻蜓飞在一起，那你可能正好赶上了它们的繁殖季节。在这场"相亲舞会"上，相互心仪的蜻蜓会成对飞舞，在空中交配，然后找到满意的水源开始产卵，也就是我们见到的"蜻蜓点水"。蜻蜓的卵都是产在水里的，到了合适的季节，卵就会孵化出稚虫来。蜻蜓的稚虫叫作水虿，可以理解为蜻蜓的童年。水虿一直都生活在水中，靠捕食比它小的猎物为生。在水里生活的这一阶段大概占了蜻蜓一生三分之二以上的时间。当它们一天天长大，多次蜕皮以后，会选择一个晴朗的夜晚，完成它们从水中飞向天空的蜕变，像毛毛虫变蝴蝶一样，经历成虫前的最后一步——羽化，羽化后就变成了我们往日里看见的蜻蜓模样。

　　"泉眼无声惜细流，树阴照水爱晴柔。小荷才露尖尖角，早有蜻蜓立上头。"古人的只言片语将盛夏的景色描写得如此灵动，我从中好似看见了那只停在荷叶上休息的蜻蜓。我仿佛又一下坐在了小学的那间教室里，老师拿着课本踱步向前，领读起这首杨万里的古诗，我们则模仿着老师的语调抑扬顿挫地朗诵起来，午后明媚的阳光透过窗户照在桌上，万里无云，我抬头望向窗外，树枝像刚从睡梦中醒来，慵懒地舒展身体，树叶轻摇，那些红色的蜻蜓还在烈日下不知疲倦地与风嬉戏。

（于潇雨／文）

养一窝螳螂
是什么体验？ ›››

丽眼斑螳　沈尤 / 摄

中文名：丽眼斑螳
学名：*Creobroter gemmata*
拼音：lì yǎn bān táng
分类：螳螂目　花螳科

出大事了！

　　月初去赵公山带回一枚螳螂卵鞘，可是忘记了山区的气温要明显比市区低不少。某一天早晨，我走到放卵鞘的容器时，感觉头皮发麻，上百只刚出生的小螳螂顺着边缘被白色物体覆盖的卵鞘口（我猜那是一种小螳螂分泌的让坚硬的卵鞘打开的化学物质），成一条线爬

上墙，直到天花板。

　　由于卵鞘平放，不符合螳螂孵化的位置，有十几只出来就因为姿势不对无法打开身体而夭折。但一枚卵鞘孵化出 200 多只小螳螂，光想想就让人崩溃。

　　我带着孩子马上用蝴蝶笼子暂时把能集中的都集中起来。作为昆虫界的顶级杀手，我们以为它们捕食的本领一定是天生的，但却发现大部分小螳螂第一次狩猎都不知所措，面对和自己几乎一比一等大的果蝇，有的视而不见，有的甚至回避，两个小时过去了，抓住猎物的，只有两只。第二天，又有几只初生的螳螂死去，那是狩猎失败而饿死的"小婴儿"，没有"成年人"教授正确的方法，虫生艰难，只有付出生命的代价。

　　除开先行孵化逃逸的，提前夭折的，以及后面陆续送朋友的，我自己最终留下了 30 多只，想看看会有多少顺利成年。

　　差不多二十天后，第一只螳螂开始蜕皮。那真是惊心动魄的过程，任何一步不顺利，都会前功尽弃，代价惨重。

　　首先它们会停止进食，哪怕食物就在眼前，都不为所动。

螳螂　洪燕 / 图

　　其次，需要找到合适的位置，倒挂，头朝下，胸口（或者是背部，太小了看不清）裂开，头，前肢，胸，中间的足，腹部，最后一对足，一步步慢慢从"旧衣服"

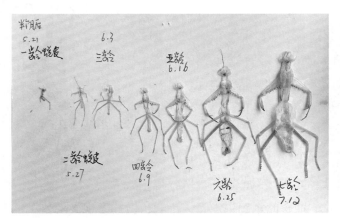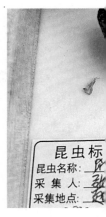

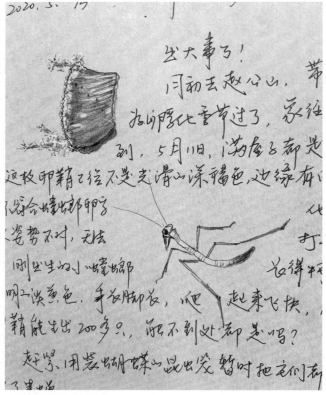

记录螳螂 洪燕 / 图

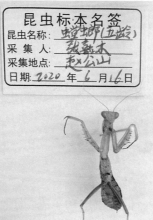

昆虫标本名签

昆虫名称：螳螂(五龄)
采集人：张懿木
采集地点：赵公山
日期：2020年6月16日

螳螂标本 洪燕 / 图

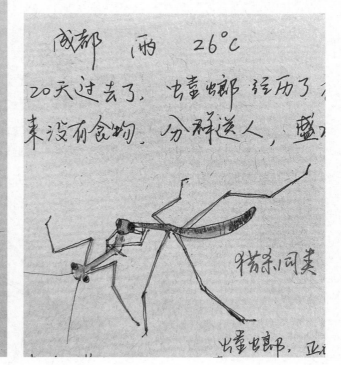

成都　雨　26℃

20天过去了，小螳螂经历了各

来没有食物。分群送人，盛入

猎杀同类

螳螂，正在

螳螂猎杀同类 洪燕 / 图

里面钻出来，直到新生。但这就成功了吗？不是，蜕皮结束后，它掉转头，继续这么静静地挂着，需要十几分钟时间晾干身体并且硬化，如果此刻有风吹草动，基本就会死掉了。

蜕皮成功后的螳螂，身体变成了如春天柳叶刚发芽时的新绿色，脆弱而纤细。

二十多天过去了，小螳螂们经历了室内大规模孵化，头几天因没有食物、盛水容器不合适、中间断食导致同类相残等出现了不少伤亡。也曾想过分别饲养，但分开住食物不够，因为螳螂必须吃活物，饲料也得是活的，还要根据体型的变化，调整饲料的品种。此外它们还经历了第一次蜕皮等生死关头，残疾的螳螂出现了好几只，其中一只断了腿，最后剩下 20 多只嗷嗷待哺。

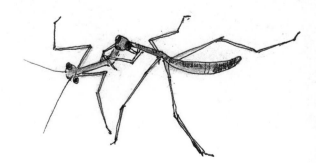

螳螂　洪燕 / 图

但作为昆虫界的顶级杀手，近距离观察它捕食是一个非常愉悦的过程。

　　法布尔说得一点不错，如果它举起两只大镰刀，头前倾，做出楚楚动人的祈祷状，千万不要觉得它此刻就很仁慈。恰恰相反，这种姿势正是它准备捕猎进攻的姿势，对猎物来说，那祈祷的"手"根本就是死神的镰刀。如果硬要说祈祷的话，也是餐前祈祷吧，祷告完就可以开动了。

广斧螳　沈尤／摄

历时两个多月，从一个乌龙卵鞘开始，200 多只比蚂蚁大不了多少的螳螂小 baby，由四家人喂养，最终 4 只成年，我家的正好是断腿的那只。"成人礼"后它穿上了绿袍子，最开始翅膀还没有晾干，像大摆裙一样披在身上，半小时后才变成美丽服帖的修女袍，但是它的左捕捉足仍然残缺一个悬挂钩，已经无法补救。

　　尽管如此，这只螳螂还是超过了众多兄弟姐妹，蜕变成了身长 7 厘米以上威风凛凛的广斧螳（*hierodula petellifera*），成了我们家喂养的螳螂中唯一的幸存者。

　　饲养的经验，就跟养孩子一样：少动手，多关注，少去看，多操心。

　　春去秋来，九月底，我们家的这只"宠物"开始拒绝进食，本以为它会死去，可没想到竟然在盒子里产下半枚未受精的卵鞘。我猜是因为环境不合适吧，或者本身它能量也不够？

　　这只螳螂尽管生活悠闲，每天都能出来逛逛，从来不操心刮风下雨食物短缺，但我总觉得它一点也不开心，常常在干花束里一挂就是一天，动都懒得动。秋天转凉的时候，在十月的某一天醒来，螳螂躺在了盒子底部，它走完了孤独的一生。

（洪燕 / 文）

尺蠖 〉〉〉

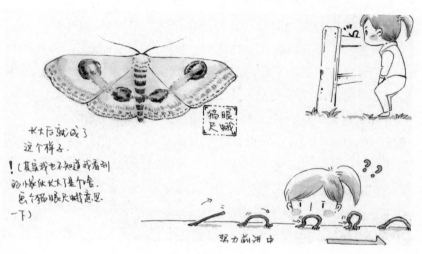

猫眼
尺蛾

长大后就成了
这个样子.

！(其实我也不知道我看到
的像你长大了是个色.
（包个猫眼尺蛾意思.
一下）

努力前进中

尺蠖 爱若/图

中文名：尺蠖
科名：*Geometridae*
拼音：chǐ huò
分类：鳞翅目　尺蛾科

　　一只渺小的飞蛾挣扎着从膝盖的高度掠过时，没人会在意它翼上跃动的纹理与图腾，只知身侧似有小虫烦扰，便任由它继续奔向火焰或月光，缘于其过于细微，难以动人。然而有一类同样渺小的飞蛾，却能在幼虫时期，以毛虫的姿态被世人赋予更多的意义，那便是尺蠖。尺蠖是尺蛾科幼虫的统称，其名古怪，使人疑其由来。是否因其成虫名为尺蛾，而蠖为毛虫之意，便得尺蠖之名？实则不然。

且先看看尺蠖其虫的模样，乍看似乎与寻常身躯细长的毛虫无异，细看却发现有些不同：这只毛虫足仅生于头尾，身体中段则无。除了胸部三对必不可少的细短胸足，尺蠖一般仅在体末紧挨的第六、第十腹节生两对腹足，不同于一般的蛾类在第三、四、五、六、十腹节生有五对腹足。身躯细长而拥有足的生物行动时，常常以足配合身体的蠕动，像正弦波一样向前推进。例如五对腹足的毛虫，爬行时身体可见两至三个起伏的波纹，而步足众多的千足虫，其足排列紧密，如无声的海潮般向前翻涌，近看甚至有一点壮观。可尺蠖的身体中段失去了攀附能力，只得首尾相就，一屈一伸，屈曲前进，一步一步，步步为营，似在凭隆起的身体造了一座拱桥，又似在以自己的身躯节节丈量身下之物。尺蠖，北方称步曲，南方称造桥虫。《说文》："蠖，屈伸虫也。从虫、蒦声，一名步屈。"原来这尺与蒦，均为量度之意，尺蒦是个同义复词。蒦并非毛虫之意，只是因其为虫，蒦字加了个虫字旁，别无他义；而那些五对腹足的毛虫，古人另有"蠋"字代之。或许是"尺蠖"之名较"步曲（屈）"听起来更有那专业味儿吧，尺蠖便被今人留作正式的名字使用，成虫及科名也就跟着幼虫姓了尺，叫尺蛾。

大自然绝不会毫无缘由地创造万物，尺蠖的怪异形态，必定也是自然选择之下适合生存的构造。当尺蠖用体末粗壮的两对腹足牢牢吸附住草茎或枝条，绷紧身体的肌肉将躯干挺直，前三对胸足或是收拢，形似植物节间紧密的短枝；或是向周围伸展，好像枝端的牙尖。如此浑然一体，配上多变而自然的体色，成了以假乱真的一小节树枝，若不惊动，常人难以察觉，以至于有古人把枝上的尺蠖当真，欲于其上挂物，却打碎了东西的传说。而一屈一伸的移动，其实比蠕动更加高

进击的抽屉把手

尺蠖（音：吃货）

2021年1月10日

于力建自然体验馆

鳞翅目
尺蛾科

小时候把自己
伪装成一根枯
树枝

某个夏秋之交的周末，我在山里度假。

在路边的不锈钢扶手上，很偶然的见到了这个小家伙。

我当时也不认识它，只觉得像个抽屉把手。

它估计也被我吓得够呛，拼命逃跑。

猫眼
尺蛾

长大后就成了这个样子。

！（其实我也不知道我看到的小家伙长大了是个啥，是个猫眼尺蛾意思一下）

努力前进中

进击的抽屉把手尺蠖　爱若 / 图

效，大跨步的方式，对于跨越障碍或快速改变方向和移动头部，无疑更加有利。配上如此精妙的拟态，尺蠖拥有了极强的适应力和多样性，使得尺蛾科成为鳞翅目中极大的一科，在遥远的马达加斯加群岛，甚至还有掠食性的种类。尺蛾科光是已知种类，就有近一万三千种，广布于全球各地，其数量自然也不容小觑，可谓是最为习见的昆虫之一。再加上它们和蓑蛾科一样，受惊时会吐一根细丝悬在空中躲避敌害，这个惹人注目的小细节，让尺蠖从古代开始就受到了关注。它们作为一种不起眼的小虫，在我国古代却拥有了不输于蜂蝶蝉之属的文化地位。旧时的文人学士，总是喜欢往寻常的自然之物上添加诸多主观的情感与哲思，对尺蠖也一样。不过，古人并未过多关注其拟态的特性，而是就尺蠖经典的移动方式，做出了许多思考评价。其褒贬不一："蠖屈不伸"，往尺蠖爬行时收缩的姿态中添加了怯懦的元素，比喻人不得志而畏缩不前；"蠖屈鼠伏"，则以之为诏媚之状，比喻卑躬屈膝，讨好于人。而在《周易》中，有"尺蠖之屈，以求信（伸）也"，有以退为进，忍辱负重之意；明朝王士祯的《鸣凤记》中也有相似的描述："尺蠖欲求伸，卑污须自屈。"时至今日，美国作家李奥尼仍以尺蠖为原型创作了绘本《一寸虫》，书中的小尺蠖能用自己的身体丈量万物，甚至是夜莺的歌声，可谓极富童趣。而尺蠖的成虫尺蛾，其实也不乏精致的种类，成都最常见的美丽种类，大概是丝棉木金星尺蛾（*Calospilos suspecta*）吧。

　　草木鱼虫本无心无意，皆是人妄加评价，可正是人的评价与哲思，方造就了世间万物于每个有心之人独一无二的价值，一如尺蠖，也不仅尺蠖。仅仅观其表象，也足够动人，且看郭璞诗云："贵有可贱，贱有可珍。嗟兹尺蠖，体此屈伸。论配龙蛇，见叹圣人。"

（黄柏尧／文）

肥虫大竹象 〉〉〉

长足大竹象　团子 / 图

中文名：大竹象
学名：*Cyrtotrachelus longimanus*
拼音：dà zhú xiàng
分类：鞘翅目　象甲科

一次在竹林下乘凉，这一小片竹林有些年头了，竹头积年累月已经高出了地面几十厘米，上面覆盖着厚实的竹叶。我正四下张望，突然从竹坡上滚下一个东西，直到我的脚边。我仔细一打量，原来是好肥一条米黄色的虫子，有近10厘米长，4厘米粗，略呈梭形，身上一环环的，波动着往前。那时还不知道它是什么，之后才从大人那里得知这是一条大竹象的幼虫。

小时候称象甲为象鼻虫，常在竹林中寻觅大竹象拿来玩耍，它的体型是所见的象鼻虫中最大的，鲜艳的橙色，光洁的壳甲总给人威武的感觉。一次我回家路过竹林，突然发现地上多了许多大洞，也不知是怎么来的。几天后见到大竹象从洞里爬出来，才发现那些洞都是大竹象羽化时爬出土后留下的。

当时大家也会用大竹象进行角力游戏，大人见到总会说起它们多么好吃。他们小时也会去竹林抓大竹象，总是鲜笋萌出时最多，等到笋子稍高，就找被

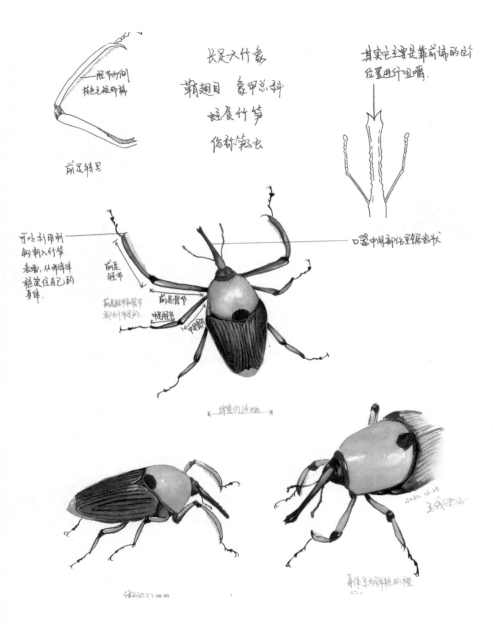

长足大竹象

鞘翅目 象甲总科

蛀食竹笋

作新笋之虫

前足内侧排粒无倒印钩

前足特写

其实足主要是靠前端的位置进行咀嚼.

可以利用前胸钢刺刺入竹笋表面,从而牢牢稳定住配的身体.

前足胫节

前足胫节与跗节都有倒印的.

中足胫节

口器中间部位呈锯齿状

体宽约15mm

体长40.23 mm

身体多为褐色瓶的橙色

2020.10.26 古树团子

长足大竹象 团子 / 图

它蛀过的笋剖开收集大竹象幼虫。他们会把大竹象成虫拿来烤着吃，胸部的那块肌肉手撕着吃最香，他们也会把它的幼虫拿来炒着吃，煸干了最味美。他们总是一边说着一边流露出向往的神色，而我也一直很好奇。直到一次跟同学去了宜宾才尝试了一下，但很快就放弃了，昆虫的煳味，总难以下口，最后同学吃完了一大盘。

后来一次在浣花溪公园出来，又见到一只肥肥的肉虫在地上爬，我还以为也是大竹象，但四周并无竹林。正在疑惑，发现旁边一棵加那利海枣耷拉着，突然醒悟，这莫不是另一种红棕象甲（*Rhynchophorus ferrugineus*）的幼虫？

第一次见红棕象甲还是在西双版纳，那里种满了棕榈科植物，但树上都挂着一个壶，于是我们就问同行的老师，原来那些都是防虫的壶，棕榈科的植物最怕红棕象甲，一旦被蛀，高大的棕榈科植物很快就会倒掉。那些壶里放有药物能够吸引象甲进去，就一并抓获了。于是我们打开了一个壶，里面正好就有一只被困的红棕象甲。红棕象甲比大竹象小不少，只比蚕豆略大，身上红棕色，有些黑斑。

这还是我第一次在成都见到红棕象甲，一种原本不在成都的虫子突然出现了。我连忙来到那株加那利海枣旁观察，一般的海枣叶片大都向上举着，但这棵的叶片都向下耷着，垂在地上，长势很不好。我掰了一下叶片，原来叶柄处已经朽坏，原本坚实的叶柄已经被蛀掉大半，里面填满了碎屑。我扒拉了一下就掉出来了一个茧，不过它的这个茧与蚕的茧很不一样，它是用叶柄中的棕榈纤维裹成的。我看了看，茧已经空了。我又绕着树看了一圈，果然熟悉的身影出现在了我眼前，这就是红棕象甲。

之后在不少小区种的海枣中我都见到了它们的身影，它们似乎就是跟随着这些海枣来到了成都，在这里扎下了根。

（黄科／文）

暗夜寻萤 ›››

萤火虫　邹滔 / 摄

萤火虫大家都十分熟悉，在黑暗中一闪一闪的微光是它最重要的形象。它们也被人们赋予了许多遐想，并因此受到了许多关注，有的关注它们生存环境的保护，有的则关注如何抓住与放飞。直到近来忽然觉得，大概就是原本很多的东西被毁掉消失了，然后大家才觉得珍贵。

而说起萤火虫，最让我难忘的还是乡间。每逢夏夜，大家总是最不愿早睡的，常常会围在石板边，升起一堆火，

中文名：萤火虫
科名：*Lampyridae*
拼音：yíng huǒ chóng
分类：鞘翅目　萤科

却也不让火着起来，只悠悠地冒着烟，大家就在烟雾缭绕中谈天说地。小孩子在一旁有一搭没一搭地听着大家谈天，躺在石板上数着星星，偶尔一颗流星划过，大家一起惊呼。

看萤火虫也要和这一样的天，等到满天星斗时才最壮观。这时几个小孩儿就会一起跑到田野中，乘着微风，拂着麦浪，等着萤火虫出现。田野中间的沟两岸萤火虫最多，大都是黄缘萤（*Luciola ficta*），它们的幼虫就栖息在两岸湿润的地方，以那里的蜗牛为食。天黑尽之后，萤火虫开始缓缓从草丛中爬了出来，一边闪着灯，一边爬上草尖麦芒，忽地张开翅膀，飞了起来，越来越多，我们都被包围在了其中。孩子们就静静地看着，看它们飞上天空变成一颗颗星星，看它们在风中摇曳。

直到一个春天，忽然沿田沟用了药，到了初夏，萤火虫也迟迟没有出现，我猜它们再也没有了，我再也没能见到了。

后来每到一个地方我都会去看看，趁着夜色，在黑暗的地方是否会突然飞出些闪着光的小生命呢？

（黄科／文）

天牛:
头插雉翎，吻带锥刀 〉〉〉

天牛　韩震 / 摄

中文名：天牛
科名：*Cerambycidae*
拼音：tiān niú
分类：鞘翅目　天牛科

深处大都市中的人们似乎对天牛这种昆虫已经很陌生了，其实我在写这篇文章的时候已经好几年没见过这种长相很有特点的昆虫了。说天牛很有特点，那是因为它那一对长长的触角给人很深刻的印象，就像戏曲舞台上演员舞动的翎子，感觉很是威风。

我儿时第一次见到这种长着触角的昆虫时，就听小伙伴叫它"孙悟空"，当年

《西游记》正在热播，对照一下天牛的头部造型，还真像是孙悟空戴的凤翅紫金冠。

天牛　付凯/图

过了很久我才知道，这种很像孙悟空的昆虫大名叫作"天牛"，古时候人们也叫它"天水牛"，这是因为它头上的触角就像水牛的犄角一样，又长着双翅能飞，所以这么称呼它。不过每到夏天雨后天牛就会大量出现，因此古人认为此虫主雨。这可能也是它别名里带着"水"的一个原因吧！

天牛长相如此奇特，因此古人很早就注意到它们，很多画家都把它们描绘进了画卷中。五代黄筌所绘的《写生珍禽图》中就描绘了一只个头硕大的桑天牛（*Apriona germari*）。

这种天牛又叫皱胸粒肩天牛，它显著的特点就是鞘翅基部密布黑色瘤状颗粒，这些特征在黄筌画中都仔细地表现了出来。画中还将天牛锐利的咀嚼式口器描绘了出来。这也是天牛类昆虫一个显著的特征，与其他咀嚼式口器的昆虫不同，天牛长有如此巨大锋利的口器并不是为了取食方便。它最大的用处是产卵的时候可以方便将树木凿空，在树木木质部产下卵。从卵里孵化出来的幼虫也有着强大的咀嚼式口器，在它变为成虫前还要在树木中好好饱餐一顿，有时候它们还会把排出的粪便从虫洞口推出去，树下如果有木屑一样的物质，那就是它们的"杰作"。

这么厉害的昆虫自然会受到更多人关注，元代坚白子也曾在他唯一传世的画作《草虫图卷》中描绘一只天牛，不过这只天牛画得有些像"小强"，如果不是其上题诗还真会认错。画上题诗源自北

天牛—郫都湿地　罗冬玮 / 摄

宋大文学家苏轼的《草虫八物》中的《天水牛》，作者在诗中似乎
对天牛有一种讽刺的情绪，实际上这是中国古人一种惯用的"指桑
骂槐"手法，苏轼借用八种昆虫的讽刺诗来嘲讽当时王安石等改革
派人士。坚白子将苏轼的讽刺诗图像化，这也是元代画家抒发自己
心中不满的一种手段。在同时代毗陵（今常州地区）画家谢楚芳的
《乾坤生意图卷》中，我们也可以领会到画家这种借用昆虫画表达
的含蓄讽刺。

除此之外，现在美国底特律博物馆还藏有一幅托名钱选的《早秋图》，这幅画中描绘了秋天生机盎然的沼泽湿地景象，许多昆虫都出现在画面中，其中画家也描绘了一只天牛，按照花纹来看很像星天牛（*Anoplophora chinensis*），这也是一种常见天牛。天牛的身形比例画得有些夸张，尤其是那对突出的复眼，叫人想到同为鞘翅目的虎甲。

人们对星天牛的喜爱一发不可收拾，以后历代都有描绘它的画卷出现。有一件温良所绘的册页现藏美国大都会博物馆，生动地描绘了一只星天牛，这次还出现了果实累累的蛇莓，似乎星天牛要大快朵颐了。

天牛幼虫蛀蚀木材，它的成虫却很少吃这些，它们常吃树皮、树汁液、嫩茎叶、花粉、水果等，平时天牛利用笨拙的飞行技能到各处寻找食物，倒也不挑食。

（王钊 / 文）

蝉趣 >>>

蝉　王锋 / 摄

"有翼无毛肚里空，有头无项响如钟，今年八月回家去，明年端午再相逢。打一物。"你可猜中？

有一种昆虫叫作蝉，在树梢头，地底下，都有它们的足迹。每一只蝉的秘密，都有一大箩筐。打开四季的魔盒，快来听一听大自然的声音。

中文名：蝉
科名：*Cicadidae*
拼音：chán
分类：半翅目　蝉科

蝉的一生，可谓神秘。蝉蛹在地下度过它一生的头两三年，或许更长一段时间。在这段时间里，它吸食树木根部的液体。蝉蛹经过几年缓慢的生长，作为一个能量的储存体为爬出地面做准备。蝉的幼虫期叫蝉猴或知了猴，能量储存好了的知了猴，在某一天破土而出，凭着生存的本能找到一棵树爬上去。它用来挖洞的前爪还能用以攀援。知了猴在树干上完成蜕壳，成为真正的蝉。蝉蜕下的壳

蝉　王锋 / 摄

可以做药材，夏夜的院子里，经常有人拿着手电筒寻找知了猴和蝉蜕。

走出地下的蝉，通常有四五厘米长，它们像注射针一样中空的嘴可以刺入树体，吸食树液。蝉也有不同的种类，它们的形状相似而颜色各异。蝉的两眼中间有三个不太敏感的眼点，两翼上简单地分布着起支撑作用的细管。这些都是古老的昆虫种群的原始特征。

蝉的生命，看起来过于匆匆，只有寥寥数周，但短暂的一生也是一鸣惊人。大家留心观察，就知道蝉不是生来就在树上：有空空的蝉蜕挂在枝头，树下有圆圆的洞，大约拇指粗，这就是蝉洞了。夏天的夜晚出门散步，你可能会在树干的低矮处发现"活蝉蜕"——可别尖叫，这就是"知了猴"，除了和蝉蜕一样入药，还是一道美味佳肴。可咋没翅膀咧？因为它们还没有经过蜕皮。如果你有足够的勇气，可以把它取下来带回家，放在纱窗上，就能亲自见证它蜕壳的过程了。

蜕壳是一场巨大的考验。它会淘汰大部分的"活蝉蜕"。有的蝉，只挤出半个身子就"卡壳"了，头伸出来了，身子却卡在了蝉蜕里；有的成功将身体蜕出，却误把翅膀皱成一团——好，这下没救了，蝉是活的，却飞不起来；还有的，就是幸运儿，也就是"金蝉脱壳"的成功者。它会先慢慢在旧皮顶上挤开一条竖着的缝，再慢慢钻出背部，接着钻出头、身子，快把身子完全蜕出时，它突然朝后一仰（极靠运气，运气差者会掉下去），吊在半空中。这样吊了一会儿，它又坐起来，紧紧抓住旧皮，拔出屁股，就静静地趴在空壳上不动了，在晾晒身体。刚蜕过皮的蝉是浅土黄色的，翅膀上的纹理呈嫩草绿色，而翅膀是透明的，上面残留着还湿漉漉的体液。此时，它身上的每一个部位都很柔软。由此看来，每一只正常

蝉脱壳　王锋 / 摄

蜕壳的蝉都不容易呀！

蝉是有性别的，分公母。公蝉是会"唱歌"的，目的是吸引雌伴。因此，夏天唱歌的可不是"蝉中女明星"，而是蝉帅哥们。如果分别抓住一只公蝉和一只母蝉，倒翻过来，会发现公蝉腹部上方有两块小指指甲盖大的鸣板，鸣板下面就是它的发音器，像蒙上了一层鼓膜的大鼓，它们就靠振动鼓膜来发声。由于鸣板和鼓膜之间是空的，能起共鸣的作用，所以公蝉的声音特别响亮。而母蝉没有鼓膜和鸣板。关于这一点，法国昆虫学家法布尔所著的《昆虫记》里有更加详尽的说明。

不瞒你说，不同地区的蝉，性格脾气还不大相仿。就拿成都市中心的蝉、邛崃的蝉和青城山的蝉来说吧，成都市中心的蝉一般比较怕人，不爱飞，喜欢躲在树的高处，但有时也会犯马虎，一个没抓紧从树上掉下来的事也不是没有的。邛崃的蝉在没人没天敌的林

蜡蝉　韩震／摄

蝉　王锋/摄

子里住惯了，警惕性较弱，被人抓住了也不知道挣扎，备受抓蝉爱好者的欢迎。青城山的蝉可就不好惹了，有人从它所在的树旁经过，它就飞走；你若徒手去抓它，它一定会敏锐地觉察到，并在你的手伸过来之前迅速逃离现场；如果已被抓住，它必定要使劲挣扎好一阵子，拼命拍翅膀（如果能拍起来的话），六腿乱舞，公蝉还会尖声大叫，瞧这不屈不挠的劲儿！

　　我还见过最会耍人的蝉——广元乌龙山的斑衣蜡蝉。斑衣蜡蝉有一对朱红色的眼睛，外翅浅灰或浅棕色，有小黑点，内翅浅橘色带大红斑，体型只有一丁点儿，胆子却大得连人都不怕，而且还能把捕蝉者们耍得团团转。一次我上乌龙山，就在半路上被一只漂亮的虫子吸引住了。于是我掏出个小袋子，趁它落在地上时，一步一步……突然把袋子一罩，可虫子却像股烟儿似的飞走了，我气得牙痒痒。这么重复了几回，我终于制服了它。带回家一看，才知道原来是一只斑衣蜡蝉，是只耍人技术高超的"蝉女侠"。

再说蝉的品种。我目前见过最漂亮的蝉是爱耍人的斑衣蜡蝉，唯一的"缺点"就是太难抓。还有种难抓的蝉叫蒙古寒蝉，在青城山分布最广，在邛崃也有分布。蒙古寒蝉黛底青纹，翅带棕斑，一只只就像缩小版的战斗英雄，和捕蝉者斗智斗勇，被抓后依然坚强不屈。小寒蝉们还天真无邪一点，只管玩，但知道有危险还是会逃的，被抓住了也会挣扎，并凶凶地瞪你几眼；大寒蝉明显懂得多，总是把我这样的捕蝉者气得在地上跳出坑来。最"傻"的蝉是邛崃山林里的蟪蛄。蟪蛄们都是"永远长不大的孩子"，天真无邪，什么都不懂。翅膀是花色，眼睛是玉绿色，非常漂亮，又非常好抓。正是因为它们非常好抓这一优点，一只母蟪蛄被我给封了个"终生侍卫"，陪了我一整个夏天，嘿嘿！我见过体型最大的蝉是成都市中心的黑蚱蝉和鸣鸣蝉。黑蚱蝉几乎没啥优点，除了大，就是黑。眼睛棕黑色。身子纯黑……鸣鸣蝉差不多与黑蚱蝉一样，唯一不同的是鸣鸣蝉有一双金色的眼睛。

蝉喜欢那一身甜汁汁儿的银杏树和女贞树，银杏树虽然喜欢在秋天甩"臭气弹"，但它的树汁对蝉来说可是琼浆玉露。因此，一到夏天，银杏树上总是爬满了蝉。女贞树虽然老爱掉果子弄脏人们的衣服，但夏夜站在一棵传出蝉声的女贞树下向上观望，只要眼力足够好，足够有耐心，一定会看见某枝头上趴着一只蝉！紧接着，两只、三只、四只、五只蝉映入眼帘……

既然已经这么想捉只蝉玩玩儿了，那为何不学学捉蝉的技巧呢？

我们要先学会抓低处的蝉。首先，看到蝉时，千万不可以大叫

沫蝉　韩震/摄

一声就冲过去，这样会惊跑百分之九十九的蝉。一定要先憋住嗓子里的那句"有蝉"，然后放轻脚步，屏声敛息，尽量慢地挨近蝉（因为这样百分之七十五的蝉不会看到你），再慢慢地伸出食指和拇指，悄悄伸到蝉身的两侧。此时，不要迟疑，只需快速合拢两根手指一夹，且不用力过猛，就可以抓住蝉了。清朝诗人袁枚应该也是个捕蝉高手，他的一句"意欲捕鸣蝉，忽然闭口立"，是不是经验之谈？

抓住蝉后，如果没有随身带什么可以塞下蝉的东西，那就要保持它被捉住时的状态，小心地捏着，可别想着换手去捏它的翅膀，因为某些狡猾的蝉此时会趁你不备，一溜滑就飞走了。捏了翅膀就已经不对了，可有的人捏着人家蝉辛辛苦苦长出的翅膀一阵狂甩，这会导致大部分蝉毁容，再拿它做成标本，遭别人笑话，找谁说理去？

抓高处的蝉可就不一样了，与抓低处的蝉相反，必须要快，非常快，非常考验技术。一眼瞄见树上一只漂亮的蝉，千万不能冒险爬树去抓它，也不可以扔东西打它，而是要用网子。你要先快步但几乎不出声儿地朝树移过去，然后慢慢地、悄悄地把网子伸到蝉的背后，再以闪电般的速度猛地扣下去，接着迅速向下一拉。将蝉拉到面前时，必须尽快伸出一只手，握住装着蝉的那部分网子，再小心翼翼地把蝉拿出来，就大功告成了。

在你的手心，你的笼子，有一种昆虫叫作蝉；在你的脑海，你的回忆，都有它们的足迹。蝉的秘密还有很多，等着我们去探索发现……

（李晨雨／文）

后记 ›››

　　当观鸟、赏花、寻虫、听风、看山、问水等诸多基于爱好的自然类活动受到越来越多的人喜爱和参与，自然爱好就具有了文化性。随着其存在与发展，自然而然地会产生相应的文化产品。这些文化产品除了记录并反映本领域状貌之外，对这一领域社会影响的扩大，甚而推动本领域的发展具有不可或缺的作用。

　　比如，鸟类手册之于观鸟爱好者，花卉图鉴之于观花爱好者，昆虫指南之于昆虫爱好者，都是必不可少的"工具"。同样的，无论仅仅作为个人的自然爱好，还是作为一种宽泛的行业，如自然教育、研学旅行等，自然笔记都是当事人观察自然、学习自然、记录自然的重要方式。同时，自然笔记作为一种生态、文学、科学与艺术相结合的文化产品，是传播自然知识、展示自然之美的重要载体，对激发自然兴趣和引导爱好行为等具有重要作用。

大自然是人们随时可以进出、终生皆可阅读的百科巨库。但是，我们需要一把打开巨库之门的"钥匙"。

成都是一片生态与博物文化的热土，无论个人爱好，还是行业行为；无论是自发的野生动植物观赏，还是带有群体性质的自然教育、研学旅行等，都在蓬勃发展。一方面为展现自然爱好、博物文化具有之状貌，一方面为自然和博物文化爱好者配置入门"钥匙"，《成都自然笔记》应运而生。

2020 年 9 月，四川省青少年文联博物专委会正式立项，到 2022 年 7 月，《成都自然笔记》在耕耘自然领域、胸怀博物情怀的同志们和同学们的执笔亲耕，以及广西师范大学出版社的大力支持下，得以面世。

《成都自然笔记》是众人期待的生态与博物文化作品，凝聚了参与者们的心血。我们希望她能受到广泛的关注和使用，能够为生态与博物文化的发展做出应有的贡献。

本书在采写、组稿和编校过程中，得到了刘华杰教授、庄平研究员、李忠东老师、孙海老师、李志燕老师、郑良发老师等的大力支持。在此，诚挚地向所有参与、支持和帮助《成都自然笔记》创作和出版的朋友们致谢！

沈尤

世界自然保护联盟（IUCN）世界保护地委员会（WCPA）委员

四川省青少年文联博物专委会副主席

2022 年 6 月，写于成都